我的动物朋友系列

My friends of Amphibians

我的两栖动物朋友

白明 著

化学工业出版社

·北京·

你了解青蛙吗?

蝾螈又是什么样的动物呢?

我们该怎样认识身边的两栖动物，听它们鸣叫，看它们游泳，还是把它们关起来欣赏?

当你真的拥有了一只自己的青蛙，你该怎样让它活得比其他青蛙更幸福呢?

……

让我们一起去探索两栖动物的奥秘吧，欣赏家里的小自然环境带给我们的快乐和安逸。也许不经意间，我们已和两栖动物成为了朋友。

图书在版编目（CIP）数据

我的两栖动物朋友 / 白明著 .—北京：化学工业出版社，2013.7

（我的动物朋友系列）

ISBN 978-7-122-17528-1

Ⅰ. ①我… Ⅱ. ①白… Ⅲ. ①两栖动物 - 饲养管理 Ⅳ. ① S865.3

中国版本图书馆 CIP 数据核字（2013）第 117863 号

责任编辑：刘亚军　　文字编辑：谢蓉蓉

责任校对：宋　玮　　装帧设计：白　明

出版发行：化学工业出版社（北京市东城区青年湖南街13号　邮政编码100011）

印　　装：北京瑞禾彩色印刷有限公司

710mm×1000mm　1/16　印张15　字数260千字　2013年8月北京第1版第1次印刷

购书咨询：010-64518888（传真：010-64519686）　售后服务：010-64518899

网　　址：http://www.cip.com.cn

凡购买本书，如有缺损质量问题，本社销售中心负责调换。

定　　价：86.00元

前　言

生活就如同做饭，衣食住行就好比是大米、白面、萝卜、五花肉，这些都是生存所必需的元素。我们还需要一些调味料，让我们的生活能像优质菜肴那样有滋有味。这本书和书中所介绍的爱好就是一剂生活调味料，它看上去似乎不是很重要，但要是缺了它，生活的味道就平淡了许多。

如同对食品的味道有不同感受一样，人们对生活调料的态度也不尽相同，有些人不在乎什么味道不味道的，似乎是有些麻木地活着。有些人则对味道很敏感，一天也离不开“调料”，否则就会因平淡无趣而抓狂起来。我就是后者，总希望自己的生活与众不同，每一天都充实着未知的挑战和神奇的梦想。就像饲养两栖动物，这是大多数人不太理解的一种爱好，我还为这些两栖动物著书立传，有人说我简直是“闲得抽疯”。这些年来，我一直和各种各样的观赏动物打交道，包括无脊椎动物、鱼、两栖动物、爬行动物、鸟和一些小型哺乳动物，从爱好发展成职业，又从职业变成自己的事业，后来干脆成了人生理想的一部分。我是如此的着迷，如此忘我地投入着。时至今日，我终于明白了，养什么其实对我并不重要，我真正热衷的是饲养和研究的过程，是在这个过程中一次一次破解谜团的经历，给予了我满足和快乐。这就是我生活中的调味料，虽然，我现在的生活还十分拮据，但是有了这些“调料”，却使我每天都能自娱自乐。于是，我决定把这些快乐写下来，分享给朋友们。

但，写这本书的过程的确有些困难，就如同和我一样正在为生活而奋斗的80后朋友，我们每一天似乎都有干不完的工作，还要面对各种诱惑，即便是为了有间自己的房子住，也许让我们心乱如麻，东撞西碰。能踏实下来，心定神闲地阅读一本书已属不易，写书那就更困难了。要不是刘亚军编辑再三催促，这本书很可能胎死腹中，好歹我坚持写完了。在写这篇前言的时候，我又重新阅读了两遍，还算是个满意的答卷吧。

这本书的内容大致形成于两个时期，一是 2004 年至 2006 年，我在某公众水族馆负责两栖动物展览的建设和维护期间的饲养笔记。但，那些文字整理后并不够充分，于是第二部分文字是 2010 年到现在重新写的。后边这一部分形成的过程非常困难，不能一气呵成。原因是我总会在写到一半的时候被其他事情干扰，被迫中断几天，甚至几个月，等处理好这些事情后，才能回来踏实地写作。跌跌跄跄、步履蹒跚的思路被打断了，又重新接起，再被打断，再从新接起，如此反复甚为煎熬。

之所以，要给这本书起名叫“我的两栖动物朋友”，是因为我想对现在国内出版的许多观赏动物类书籍提出一些意见。我现在也是一名编辑，而且策划出版着一本水族类的杂志。多年来，我一直觉得国内观赏动物类的书和文章都过于枯燥了，它们一直沿用了经济动物养殖类书籍的风格。似乎，大家都想写教科书，而忽略了读者的感受。养动物这个爱好，不是什么严肃的事情，更不是学习中的必修课，它的目的就是让我们的生活更充实、更快乐。所以，观赏动物的书籍本身应当是一种休闲读物，是躺在沙发上看的，而不是坐在教室里学的，最高境界应当是让不养动物的人看了也觉得别有情调。至于如果把书名改成“两栖动物的养殖与鉴赏”或“两栖动物饲养指南”之类，似乎更有利于个人发展之说，我则认为，一是我不指望这本书的出版评职称，二是这类东西不可能也没必要成为科学教材，三是写一本小书也发不了财，它只是一本分享快乐的书，一本“接地气”的饲养心得而已。作为一个从事与观赏动物相关工作的专业人士，我深刻地体会到饲养动物这个爱好，我们绝对没有必要去过深地研究动物养殖和生理学，那是农学和医学的研究范畴。观赏动物学者应当仔细思考总结的则是：观赏动物本身所蕴涵的文化以及这种文化对我们生活的影响。

在这本书的成书过程中，还要感谢我身边的一些人。首先要感谢的是我的父亲和母亲，写成这本书时，我已经进入了而立之年，却还像一个小孩子那样，仍然不停地追逐着儿时的梦想。为此，我出逃在外居住，尽量避免和任何亲戚走动。在我们这个文明古国里，适龄不婚会被认为是叛逆，遭到谴责。而我跑了，父母却为我承担着来自各界的压力，默默地支持着我追梦的行为。

第二，我要感谢我的好友陆书亮，他是一名摄影高手，并有一台非常适合拍摄动物的相机。这本书中许多照片都是他帮我拍摄或我借用他的相机拍摄的，对此他从没提出过任何条件，无私地支持着我。如果没有陆书亮的帮助，我是无法把书中这些优美的动物，淋漓尽致地展现给大家的。

最后我想说，不论我们的生活是窘困还是富足；是放松还是紧张，都不要忘了给生活加点儿“调料”，让自己的生活变得格外精致，充满趣味。慢慢地，我们就会爱上这金色的年华。

目录

动物的本性就是向外不断地探索，追寻自由和梦想。即使饲养箱很大很舒适，这只蟾蜍也不情愿囚禁在里面，只要给它一点儿机会，它就要逃出去，到广阔的大自然中去。那里是自由的，更有它的梦想。我想，蟾蜍的梦应当很容易实现，只要我打开笼门，它就自由了。我的梦却很遥远，也没有人能帮我打开那扇“门”，不过我永远不会放弃那个一直给我动力的梦想。

谨以此书献给所有有梦想的朋友们……

当一条朽木被捆绑上苔藓，它就成为了两栖饲养箱内很好的造景材料。

在高湿度的饲养箱里，木头上会生长出多种植物和菌类，并没有人刻意地播种，它们是自己长出来的。有的时候甚至还会出现一些小动物，你能分辨这些生物的品种吗？这是博物学爱好的第一节课

对博物学家的向往

这一段文字原本是想写“我是怎样爱好上饲养两栖动物的”，以便让同为爱好者的读者在阅读时，能够与我找到共鸣。但随着我开始动笔，就逐渐写“跑偏了”，因为我不光喜欢饲养两栖动物，对其他动物和植物也有浓厚的兴趣，我相信很多读者跟我是一样的。实际上，这些年来不论是我的工作还是生活，都和鱼类的关系更紧密。总体看来，我算是个铁杆儿的水族爱好者，并且从事着和水族业有直接关系的工作。在我养观赏鱼10多年后才开始接触爬虫，也养过一些蜥蜴、蛇、乌龟和变色龙，当然现在对两栖动物的兴趣是最大的，可能是由于这类动物与鱼有最近的关系，也可能是因为饲养它们面临的挑战更多。家养两栖动物伴随了我大概有六七个年头，每每在寒冬腊月大雪纷飞的季节，我都能猫在家里听蛙鸣，这应当是不饲养两栖动物的人所享受不到的。

小的时候，国家为了教育我们，在教室的墙上悬挂了许多名人的画像。比如祖冲之、鲁迅、詹天佑等；物理教室一般还会挂牛顿、爱因斯坦和居里夫人；音乐教室挂贝多芬、莫扎特和肖邦等。这种树立榜样的教育方式一直延续到今天，现在当我走近中小学，给那些孩子们做课外兴趣小组辅导和社团培训时，依然能看到墙上挂的那些名人。每到一个学校，我都一定要到生物教室去看一下，因为那里可能会悬挂着达尔文、布封、林奈和孟德尔等。当我同我的学生一样小的时候，我根本不知道除达尔文外，其他的那些人都是干什么的。直到我开始大量地收集饲养鱼类，才逐渐了解了他们的事迹，同时知道了一个将影响我一生的词汇——博物学。今天，那些同样从小喜欢动植物的孩子，比我幸运，至少他们的学校请来了我，而我给他们上的第一节课就是讲什么是博物学家。

我想，能购买这本书来阅读的朋友一定和我一样对动物有浓厚的兴趣，我有这种自信是因为两栖动物在动物爱好中实在是太偏门，因为另类，水族和宠物都不把它当作“亲戚”，就算是新兴的爬虫业里，两栖动物也是排列在最后一名的。多数不是真爱好动物的人，是不可能饲养两栖动物的，猫、狗、锦鲤和传说有招财作用的亚洲龙鱼才是普遍饲养的玩赏动物。猫和狗有一定的与人交流的能力，通过这些交流，让人们感到无比的快乐，人们自命为猫、狗的主人。相信，几乎没有人养狗的初衷是为了研究犬科动物的自然史和分类学，也没有多少人对家猫的遗传变异学感兴趣。对于一些观赏鱼和鸟也是一样，它们对主人来说就是一件有生命的家居摆设，可以用来体现主人的品

日本人新研究了一种活吃牛蛙刺参的做法，作为一个两栖动物爱好者，我是无法接受这种食物的

位、地位和经济实力。甚至在当前，一些人购买动物标本的目的也是想让家里的客厅看上去更有个性。但，如果你已经选择饲养两栖动物，那么恭喜，你应当可以算是个博物学爱好者了。

说到这里，我想先解释一下什么是博物学、什么是博物学家、什么是博物学爱好者。

博物学似乎在我们的正规教育中从来没有出现过，从小学到大学，我们知道了数学、文学、化学、物理学、生物学、经济学等，却从来没有一门课程或一个专业叫做博物学。博物学究竟是研究什么的呢？它又有什么用途呢？用18世纪法国著名博物学家布封[1]的话说："博物学，就其整个范围来说，是一部博大精深的科学，它包括宇宙向我们呈现的万物。这些数量大得惊人的兽类、鱼类、虫类、植物、矿物，向人类精神的求知欲呈现一幅巨大的画图。"也就是说，我们所学习过的数学、物理、生物、化学等自然学科都应当包含在博物学的范畴之内。博物学的研究并不是独立的，虽然就其内部的任意一个小门类来说，即使耗尽一个人的一生也无法完全解析（比如坐在轮椅上的霍金到现在也没能完全解释黑洞的奥秘），但博物学内部各类学科却相互关联，互相赖以存在。博物学研究实际上不是单纯地对一个知识点进行透彻地分析，应是通过自然逻辑规律，对自然万事万物的认识和普遍联系做出解释。它也许有些不实用，也不能为学生考试加分，所以现在很少有人真正以博物学的眼光去研究自然了，因为这样做既需要大量地摄入各种知识，又不容易

[1] 布封 (Georges Louis Leclerc de Buffon，1707 ～ 1788)，18 世纪法国博物学家、作家。生于孟巴尔城一个律师家庭，原名乔治·路易·勒克来克，因继承关系，改姓德·布封。布封从小受教会教育，爱好自然科学。1739 年起担任皇家花园 (植物园) 主任。他用毕生精力经营皇家花园，并用 40 年时间写成 36 卷巨册的《自然史》。

色彩斑斓的积水凤梨是光和水“创造”出的杰作。如果没有对光学和水化学的了解，就不能让它们的叶片出现千变万化的色彩。饲养积水凤梨的过程，实际是对光和水化学的不断探索过程

很快见到效果。

博物学家是在博物学研究过程中取得了超于前人成就的人，或者他们一生根本没有什么能拿出来单独炫耀的，只是比别人知识更渊博而已。“博物学”这种说法应当诞生在16～17世纪，之前人们对自然的理解是固锁在宗教和迷信中的。到了18～19世纪，世界上出现了很多著名的博物学家，随着后来的欧洲工业革命，博物学家们的一些成果被人们的生活和生产所利用。但现在，越来越少的人能够得到博物学家这种殊荣了。不是因为现代人不够好学，而是因为博物学太庞大了，想要再洞察前人所未观察到的东西，已经非常困难。

之前说了，博物学并不是一个单独学科，那么博物学家也不能只具备一种学科的成就。他们与单纯的数学家、物理学家、化学家和生物学家不同，一个能被称为博物学家的人，必须具备前面两种以上学科的成就。博物学无法在大学和研究所中修成，你可以在世界最知名的学府中取得单一学科博士的学位，甚至博士后，但永远得不到任何机构颁发给你的博物学家荣誉称号。博物学家也不是专业技术先驱的代名词，不是技术职称、不是官位、你在任何单位里都不会因为成为博物学家而得到更多的工资和奖金，诺贝尔奖中也没有博物学家奖。对于一个真正的博物学家来说，除去他能获得的科学成就外，就只有靠在大学中教授几个不同学科的课程或者用撰写旁人看来似乎没有关联的各种学术著作来证明自己的存在了。还有一种方式让博物学看起来又无处不在，那就是博物学爱好。

什么是博物学爱好呢？这个似乎是很难理解的事情。其实却很好找到，

比如养花、收集矿石、标本、水族箱爱好、收集动植物和它们的一部分、搞无线电、航模、个人机器人比赛、看动物世界和其他自然科学类电视节目等，都可以收纳到博物学的爱好中。博物学的宗旨就是让人们变得博学多知，而拥有以上这些生活爱好都可以让你从一个点入手，然后逐渐打开各种科学“果实”，当然这期间需要你坚持不断的探索。比如养花，如果要想把花养好，就必须要了解植物对光、水和肥料的依赖关系，当你重视到光的时候，就会知道光分成多个波长，而只有中波长（380 ～ 760nm）的光才能被植物利用。通过对光的了解，你又可以把它应用到水族箱爱好中，在水族箱中饲养的水草和珊瑚同样需要一定波长范围的光，它们还需要不同硬度的水。于是我们又来到了水化学领域，在这里我们知道了碳酸钙硬度这个概念，知道了什么是硬水和软水，知道了什么是水的酸碱度，于是我们发现如果利用酸性软水来浇杜鹃花，它就不会在从商店买回后不久就死亡。通过从水族箱到杜鹃花的研究，我们又知道了土壤硬度和酸碱度对不同植物的影响，这就是一个博物学爱好的关联思考过程，我们的生活也会从中受益。

要想让水族箱中的水草冒出气泡，就要多了解关于光补偿点的知识。给予植物合理的光照时间，再设法为水中增加二氧化碳的含量，晶莹剔透的氧气泡就会从叶片边缘冒出来

再比如说，如果你收集并研究各种矿石，你就会知道在我们脚下的土壤中都有哪些矿物碎屑，并知道这些矿物最终让土壤呈现出的酸碱度。这对你养花是非常有好处的，如果你家周围的土壤充满了石灰岩颗粒，你可以用它来栽种铁线蕨，但杜鹃是肯定养不活的。不过，铁线蕨需要潮湿的环境，尤其是干燥的冬天，你可能需要用一个透明的玻璃容器将其罩起来饲养一段时间，而这个容器内的光照又不能达到要求，于是你必须研究人造光源。什么样的荧光灯才更适合植物的生长，需要自己动手接线安装（当然也可以去商店买现成的）。为了在潮湿环境下让灯具安全运转，你可能开始学点儿电工知识，最少要用 ip65 标准的电器原件。这些电工知识又能用到航模、无线电和个人发明上。于是，当你有了博物学的思维方式后，你会发现原来生活中所有的事物都是相互关联的，你的能力越来越强，以前需要别人帮助完成的

事情，现在自己就能搞定了。

当然有了这种思维方式，并不是代表着一个新博物学家的诞生。就我而言，我一直梦想着成为一名博物学家，虽然中国国内很少有人提到这个词汇，可我还是很向往。我曾坚持不停地阅读一些自然科学的著作，尽量让自己变得更博学一点儿。然而，每当我路过一个花店的时候，不时还会发现有我不认识的新植物；每当我来到一个城市的时候，总能发现路边有些树我叫不出名字；每当我爬上一座山的时候，经常会看到不认识的石头。这让我多少会感到沮丧，管它呢，歌曲不是只有歌唱家才能唱的，画不是只有画家才能画的，诗歌不是只有文学家才能写的，博物学不是只有博物学家才能研究的，一时做不好并没关系，先做个爱好者也是非常快乐的。

再引用布封的话就是：“可以说，爱好研究自然，思想上必须有两种看起来似乎对立的品质：一种是一个充满热情的天才所具有的远大眼光，能够一眼看清楚一切；另一种是勤勉的本能所具有的洞察一切的注意力，抓住一点就不放松。”我26岁的时候才看到这段文字，一直用它来作为我的爱好的座右铭，并确信我的爱好是积极阳光，而且非常富有新意的，所以我把自己和具有同样爱好的朋友叫做博物学爱好者。

当然，利用业余时间搞博物学研究是比较费钱，甚至是有些劳累的事情，有时候你的家人不会理解你为什么一发了工资就跑到附近的花卉水族市场；一出门旅游总不忘记带花铲和保鲜盒；在休息日的一整天都闷在屋子里改造饲养箱，把螺丝、木条和各种工具弄一地，晚上腰酸背痛地爬上床睡觉。为了动物和植物所需要的光照和温度，你让家里的电表飞速旋转；给花浇桶装纯净水，自己却喝自来水；在动物的繁殖季节，激动地坐在饲养箱前一宿不睡，等待着新生命的到来，而自己却总是单身状态。这些可能都会让人们认为你是个走火入魔的疯子，因为你在里面得到的知识和快乐很难被别人发现，更不容易和别人分享。甚至有的时候，养动物的爱好还被看成是一种败家的行为，因为它似乎在经济上只是付出，没有回报。

法国数学家儒勒·庞加莱曾这样说过：“科学家研究大自然不是出于实用的目的，而是因为他乐在其中；他乐在其中是因为大自然非常美丽……”我想，这句话充分地证明了法国人的浪漫情调，“不出于实用目的，乐在其中”，至少目前国内的大多数学者还不能这样学习他，我们要多学习袁隆平先生，人家也是科学家，估计在研究过程中也有许多自己乐在其中的事情，他的研究让更多的中国人粮米无忧。

如果你能通过自己具备的知识让水族箱里的生物健康而活跃，那么，为什么不用这些水质知识去帮助家人和朋友测试生活用水的品质呢？这样做，对大家理解你狂热喜爱博物学是非常有帮助的

总之，在我们生活的时代里，博物学爱好者一定要为你身边的人做一些他们做不到的事情，一来证明你的爱好是有意义的，二是获取一些维持爱好的公众认可。我这些年来努力试验性地做了一些，效果非常好。就如：饲养鱼类和两栖动物都必须要懂得水化学，要掌握你的饲养水中各项化学指标，硝酸盐、重金属和氨氮的测试是家常便饭，我还有一大套的测试剂。如果把这些使用在家庭饮用水的测试中，是能让你身边的人对你刮目相看的。我经常帮助家人和朋友测试他们的饮用水，包括自来水和桶装水。每次测完，我会根据其水中的硝酸盐和重金属含量给出建议，就像医生开药方那样，告诉他们继续饮用还是更换水源，在这期间还为他们找到了很多水质不好的原因。硝酸盐过高往往是假冒的桶装水，而铁和铅的超标是因为自来水管的老化。

为了能饲养更娇气的两栖动物，我能自己制作全自动恒温恒湿的饲养箱，所以对于修理家用的小电器自然轻而易举，为家人和朋友修理电器也是讨好人们的好办法。识别动物的年龄和死亡时间，是一个偏好动物的博物学爱好者的基础能力，于是我依仗这个能力可以帮助家人和朋友在农贸市场上挑选到最好的肉和水产品，小商贩们从来不能将老猪肉和不新鲜的鱼兜售给我。根据植物对无基养料的吸收判断，博物学爱好者还可以轻松地分辨出哪些蔬菜过度使用了某类化肥，特别是西红柿，如果我去买，买到的肯定又红又甜，而不懂得化肥与植物果实之间奥秘的人，往往容易买到外表很红，但心里发白、酸涩僵硬的西红柿。像这样的事情，我越来越持续地做着，充分向身边的人证明着博物学爱好者的重要性，让他们切实感到好处。

有的时候，我简直像个学者，在家中、办公室或朋友聚会里，随便从桌子上拿起一个水果品评它的好坏，然后滔滔不绝地为“观众”们从植物学的角度讲怎样挑选更甜美一些的果子。观众会大为惊讶，然后羡慕地问你从哪里学到的？我总是会回答，“从我的爱好中我了解了比这还要更多的事情，如果你也想得到这些知识，就和我一起爱好博物学吧”。

假如有人问我，在你所说的博物学爱好中哪一个小分类需要的知识最多最杂？我会不假思索地告诉人们那就是饲养两栖动物。更确切地说，两栖动物的饲养箱设计是我所有爱好中包含元素最多，需要知识最广泛的一种。在某种程度上可以这样认为，单纯养花或用笼子养小动物是博物学爱好的学龄前的阶段；收集矿石和动植物标本是博物学爱好的小学阶段；利用动植物和细菌之间的巧妙联系饲养淡、海水的水族箱是博物学爱好的中学阶段；而两栖动物的饲养箱设计则是博物学爱好的大学阶段。就我了解

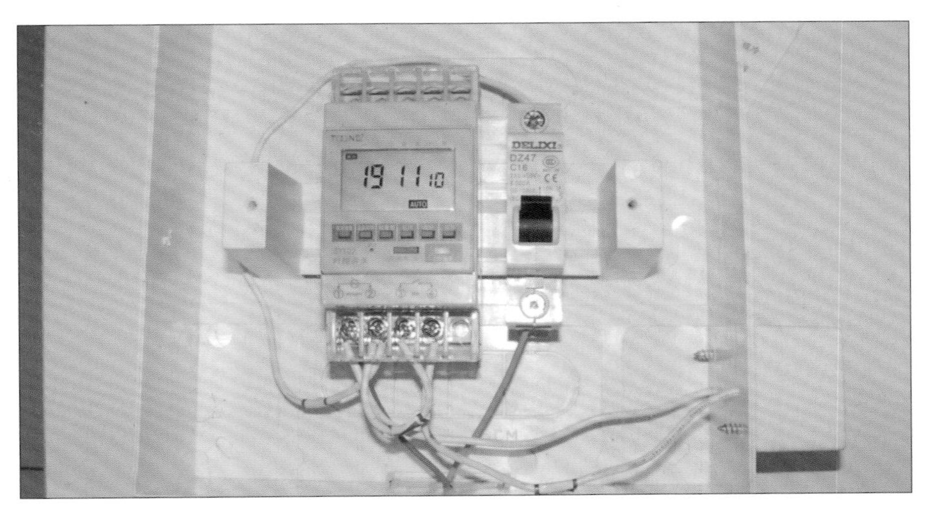

如果你能正确安装复杂的自动喷雾定时控制器，那么帮助家人检查一下电表，或者维修一些小家电都是可以胜任的

到的，几乎所有博物学爱好者都是这样一步步走过来，逐渐进入了科学快乐的巅峰。

当我们只是养动物、植物或收集标本的时候，可能只是对其本身感兴趣，赞美它们的美丽，感叹大自然物种分类的复杂多样，对整个自然和存在的生命体有一个粗浅的了解。比如一盆食虫植物、一条王蛇、一只长尾巴的龙凤鸟或者一条长得如树叶一般的枯叶鱼，都会让你大为惊讶，产生强烈的收藏欲望。随着你的收藏品不断增加，你才发现这种行为真是意义不大，而且盲目地收集生物违背了热爱大自然的初衷。当这个阶段到来，你觉得看照片和影视上的动物要比真正饲养它们强很多。于是，对于博物学爱好来说，你算入门了，至少是小学毕业。许多伟大的博物学家都是从这个阶段开始他们的博物学生涯的，达尔文幼年的时候喜欢收藏昆虫标本，他曾经到处抓捕各种甲虫。当他第一次登上非洲大陆的时候，所做的一切并不是研究伟大的物种起源，而是拿着地质锤到处寻找动物，把它们敲死后带回去做标本，用来丰富自己的博物学收藏。就连当代著名的野生动物保护学家乔治·夏勒[1]在年轻的时候也在自己的小“动物园”里饲养过蝾螈、蛇、蜥蜴、负鼠等当时所有他能抓到的动物。博物学爱好从动物收集开始，可一旦你进入了中级阶段，你的关注重点就完全不一样了。有些人开始转向了繁殖动植物，特别是在遗传学知识的帮助下进行杂交，培育出新的物种。当然，这种爱好的顶级梦想是如同电影《侏罗纪公园》里再生恐龙般的奇幻研究。不过，爱好者们大多做的不是科学研究而是科学实践，因为这方面的理论早就被孟德尔[2]用豌豆和果蝇证明过了。爱好者们研究的成果就是现在宠物和水族市场上琳琅满目的杂交改良动物，包括猫、狗、鱼和两栖动物等。最简单的证据就是金黄色和薄荷色的角蛙，虽然杂交青蛙和杂交水稻比起来对人类的作用简直微乎其微，但当年出于爱好培育出这种青蛙的爱好者心中一定充满了成就感。

还有一些人转向了另一类私人研究，而这种研究给生活带来的新鲜感更多一些，那就是相对封闭环境下的生态平衡，也就是饲养箱爱好。关于饲养箱的由来及其内部设计之复杂，我将在后面的《盒子、笼子、箱子》一节中着重介绍。这里要先提到的是，为了完全还原大自然的某个角落，一个出色的饲养箱设计者除具备生物学的知识外，还必须具有光学、力学、化学、电工、

---

❶ 乔治·夏勒（George Beals Schaller，1933 ～）是一位美国动物学家、博物学家、自然保护主义者和作家。他一直致力于野生动物的保护和研究，在非洲、亚洲、南美洲都开展过动物学研究，曾被美国《时代周刊》评为世界上三位最杰出的野生动物研究学者之一。

❷ 孟德尔 (Gregor Johann Mendel，1822 ～ 1884) 是“现代遗传学之父”，是遗传学的奠基人。1865 年发现遗传定律。

美术等多方面的知识，而且这些知识远远超出了9年或12年义务教育的课程。也就是说，如果你的大学不是把这些学问都变成了必修课的话，在你开始为两栖动物设计饲养箱的时候，就要至少重修其中几种的大学实验课程。你越往后学，会觉得自己的内涵越丰富，似乎走路时都感觉自己就像一颗饱满的“果实”。

当有人问我，你是怎样爱好上饲养两栖动物的，我会回答：是人类求知欲的本能促使我一步一步地加深了对这种业余活动的爱。到了最后，对两栖动物和它们饲养箱的爱好并不在动物和植物本身，而是这里面存在的繁多自然现象给我带来的无限好奇，其间快乐的本身就是自己动手解开那一个又一个的谜团。当我第一次给中小学生们上关于动物的社团课时，我给他们唱了一首歌，那是我比他们还小的时候，在中国的普通家庭刚刚有电视机的年代里，电视台唯一的一档科教节目《天地之间》的主题歌“从地到天，从天到地，万事万物多么的神奇，谁能解开这些奥秘，就会变得聪明无比”。

我喜欢在物理教室里给学生做社团辅导，在那个教室的墙上挂着爱因斯坦的画像。我一抬眼就能看到他，并时刻和学生们说：“只要大家努力地去探索自然，迟早有一天，你们的相片也能挂上去”

元人陶宗仪《南村辍耕录》卷二十二中记载有：

余在杭州日，尝见一弄百禽者……蓄虾蟆九枚。先置一小墩于席中，其最大者乃踞坐之，余八小者左右对列。大者作一声，亦作一声；大者作数声，亦作数声。既而小者一一至大者前点头作声，如此礼状而退——谓之："虾蟆说法"。

据说这种技艺一直流传到民国时期，北京天桥新八大怪中就有驯蛤蟆戏的无名老人，后逐渐失传。我也喜欢饲养蟾蜍，并且一直在查阅一些资料，希望能找到当时人们驯化蟾蜍的技术，但至今无果。

观赏动物、动物收藏、养成游戏和宠物

你知道吗？从现在开始，我将给你讲一项我的业余爱好，也许它已经或马上将成为你的爱好。也许，还有很多人不清楚什么是两栖动物，更不理解人和两栖动物之间到底能产生怎样的关系。当我在几次公众社交场合向人们提起我喜欢蛙、牛蛙的时候，不少人最先联想到的是“馋嘴蛙”，其中几位还颇为赞许地说：“那东西虽然有些辣，不过我也喜欢，味道的确不错”。不，我并不是喜欢吃它们，而是饲养并观察它们。

观赏动物

早在200多年前，就有人开始在家中饲养两栖动物了，直到现在，你和我仍然对这一活动如此着迷。那么，我们饲养它们干什么？从广义上看，有很多人在从事饲养两栖动物的活动，东北有、西南有、江南有、闽粤还有。东北的林蛙饲养业非常受人注意，考虑到林蛙油微妙的滋补佳效，林蛙的蓄养显然成为了“三农”致富的重要产业。在西南和长江中下游的大部分地区，中国特有两栖动物娃娃鱼（大鲵）的养殖工作更受到人们的关注。在湖南、四川和陕西有许多大鲵养殖场，它们把肉质肥美的子二代送进市场，然后换来可观的财富。一些地区，大鲵肉可以达到数千元一千克。还有中国最南方的几个省，那里的两栖动物养殖产业主要是美洲牛蛙。常年湿热非常适合培育生产这个外来物种，虽然它的售价远远没有林蛙和大鲵那样高，但可以量取胜。不论你在哪个城市，只要是住宅小区周边的菜市场都会有新鲜的牛蛙出售，供应海鲜水产的餐厅必然有用牛蛙烹制的菜肴。但，不要误会，以上被驯养的三种两栖动物和驯养它们的目的和我们的主题毫不相关。林蛙、牛蛙和大鲵都是彻头彻尾的家养动物，与猪、牛、鸡区别不大，人类对它们的利用停留在非常实际和原始的状态，那就是“养肥了吃”。

我们的爱好不是用来吃的，而是用来看的，且看的时候不会有想流口水的条件反射。听起来似乎无趣，只是看一看，而且不觉得是美味地看。请把视线从林蛙、大鲵和牛蛙这三种食用两栖动物身上转移一下，如果你看到红色如火、绿色如翠、蓝色如星空的品种，也许就不会觉得无趣了。它们身上的花色甚至会有如奶油蛋糕、金丝绒或法拉利汽车的喷漆一样绚丽夺目，看这样美丽并且是天然形成的东西，难道不会乐趣横生吗？就如，我们看到盆

蛇可能是最早被饲养在饲养箱里观赏的小动物，直到现在很多人仍然喜欢养观赏蛇

栽的花卉就觉得美丽，看到田间的植物就有食欲一样。当被看的对象变化了，看也就不叫看了，叫欣赏。当我们对家养动物的利用从吃转移到了欣赏时，这些动物也就更名为观赏动物了。

人类饲养观赏动物的历史非常久远，早在埃及的第十三王朝，哈塔苏女王就在底比斯创建了世界上第一个动物园；12 世纪的周朝，周文王曾修建灵囿来蓄养动物，供平时观赏渔猎；在马可波罗的游记里曾记载了元朝忽必烈汗在宫中饲养的大型猫科动物，这些大猫应当是最早的另类宠物。最早的贵族阶级蓄养动物不仅仅是出于观赏的目的，那些被关到牢笼里的大动物，可以体现出主人强大的征服能力。所以，早期人们饲养欣赏的都是大型动物。近代以后，随着野生动物资源的逐渐匮乏，对动物的利用开始受到节制，这就是贸易限制。

在华盛顿公约（CITES）颁布以前，大型动物的贸易远比小型动物多。《动物园的历史》一书中记录了 1866 ～ 1886 年欧洲某动物贸易公司向马塞港输送动物的数量，其中包括 700 只豹、1000 只狮子、400 只老虎、1000 头熊、800 只猎狗、300 头大象、79 头犀牛……数万只猴子、数千条鳄鱼、数千条蟒蛇和十万多只鸟。但其中没有一条鱼、一只蛙或小型蜥蜴与昆虫。巴拉泰在该书中注释了当时人们对鱼和两栖动物的看法：“丑陋、邪恶、渺小而不被重视”。所有可考的历史资料都可以证明，在中国历代王朝的皇家动物园中饲养的冷血动物近乎只有金鱼一种，丹顶鹤、梅花鹿、老虎从汉朝起就非常常见。三国时期，曹冲称象的故事，证实了巨大的亚洲象在汉朝末期就成为了贵族们喜爱收藏的动物，并视为相互馈赠的重礼。

华盛顿公约（CITES）颁布后，整个食肉目、灵掌目内的动物都相继进入附录，其他哺乳动物和鸟类也在附录中不断增加，有些没有幸运进入附录的也多数受到地方政府的保护。大型动物不能被自由贸易，小型动物成为了观赏动物爱好的利用对象。现在的观赏动物贸易中，几十万条观赏鱼和数以万计各色两栖爬行动物已经成为了主要货物，老虎、大象、猴子和犀牛绝对是少之又少甚至没有的稀罕物。小型动物本身具有的强大的适应力和繁殖能力，还使得贸易中的动物不再是野生个体，这既满足了动物收藏的需求，又保护了自然物种，而且人工繁育的动物后代，从小被人娇生惯养，饲养箱才是它们的天堂，野外环境简直太可怕了。它们没有了自由的概念，更加依赖人类，于是彻头彻尾的观赏动物诞生了。

动物收藏

生活中，可欣赏的事物很多，每个人欣赏的东西大不相同。有人认为秦腔堪称妙音，有人则认为那种音乐吵得要死人。有人认为毕加索的画深邃而微妙，有人则认为那如同儿童的涂鸦。总之，欣赏是很难界定标准的，必须因地制宜、就事论事才能说得清楚。就欣赏两栖动物来看，有单独饲养一只欣赏的，但更多的人喜欢饲养多种，配合起来如同一个小小动物园，每日逐

我们用成排的箱子饲养各种两栖动物，并尽量把一个属内的品种全部收集全，这难道不是一种收藏吗

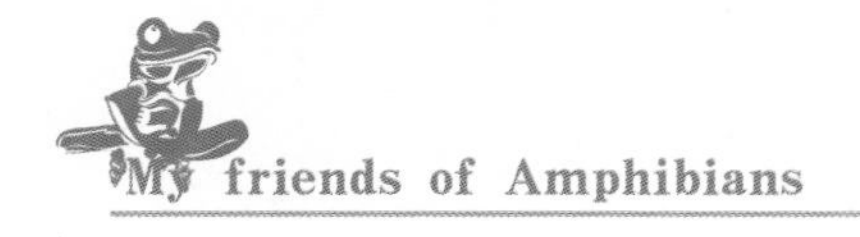

一“参观”。一些儿童喜欢收集卡通人物的塑胶玩具模型，常可攒齐一大套，然后终日一一欣赏。一些成人喜欢到处购买古瓷，不久就充满一屋子，然后不论真假地一一把玩。还有邮票、钱币、各种卡片，乃至文玩字画、日常用具都是有人收藏的。当今许多鱼类也有了很高的收藏价值，水族爱好者常常一养就是几十个品种，并常以没有收集到本属内的某个种而感到遗憾与焦急。更多的时候，欣赏两栖动物的人群与这些人不谋而合。必须说明，在我们饲养的两栖动物品种中，并不是所有个体都那样美丽可欣赏。至少，从鉴赏能力的不同上看，喜欢绚彩的丛蛙的人未必喜欢庞大怪异的海蟾。对于观赏鱼、鸟甚至哺乳类以及它们的标本也是这样。然而，人们仍然去收集饲养，即便不喜欢海蟾的怪异，在饲养了 20 种以上两栖动物后，他也会因为没有一只海蟾（世界上最大的蟾蜍）而感到遗憾。他们分明是在收集品种，并将其安置在心目中应有的空缺里。这就是动物收藏。

对动物收藏的爱好诞生在 16 世纪的欧洲，16 世纪前半叶的地理大发现让欧洲进入了第一个帝国殖民时代。探险家们除了把美洲、非洲和东南亚的黄金、奴隶带回欧洲外，这些热带地区所产的奇异动植物标本也是进献给国王、大公的最佳礼物。当时的贵族非常热衷于收藏动物标本。16 世纪后，博物学收藏爱好在欧洲大多数国家里悄然兴起，并逐渐升温。如同收藏观察其他动物一样，人们也需要观察各种两栖动物。由于两栖动物没有可以遮掩皮肤缝合线的毛或羽毛，很难如同哺乳动物和鸟类那样被制成标本后仍然栩栩如生。而且，如果把两栖动物浸泡在防腐剂里，它们很快就褪色失去了光鲜。要想收藏两栖动物，只能养活的。虽然饲养这些动物非常麻烦，但博物学爱好者们还是努力地将自己的标本柜改成了两栖饲养箱。这是为什么呢？

在现生的脊椎动物里，哺乳动物是进化最高级的品种，但它们的花色最少，外貌特征也相对单一。灰色、棕色、白色和黑色是它们的主基调，除去山魈的脸和狒狒的屁股外，艳丽的红、黄、蓝、绿等色，在哺乳动物身上几乎没有。鸟类似乎漂亮得多，红、橙、黄、绿、蓝、靛、紫在它们的羽毛上都有体现。但当你仔细观察的时候，从最大的鸵鸟到最小的蜂鸟，除了体形

两栖动物死后，会很快失去颜色变成干尸，所以无法像鸟和哺乳动物那样制成栩栩如生的标本。看不出来吧，这其实是一只番茄蛙

两栖动物丰富的颜色，让它们成为了活体动物收藏的热门

大小的差异外，它们简直都是一个模样，长脖子、一双翅膀、羽毛和一对爪子。

两栖动物在颜色或形态上的丰富度远远超过了鸟类和哺乳动物，除去具备各种颜色外，乌蝾螈有瘰粒、青蛙没有尾巴、树蛙有修长的腿。它们的颜色就更丰富了，红、黄、蓝、白、黑，只要你能想到的颜色它们都有。

正是这些动物的以上特征，促使探索者们在被动放弃大型动物后，开始关注它们。收集与分类，是人类很早就具备的能力，也可以称为是一种欲望。史前时期，原始人就会把各色的石子收集起来，并按不同颜色放在一起，而这种行为对生存来说并没有实用性，只是他们的爱好。甚至一些动物也有如此的爱好，比如乌鸦喜欢收集光亮的东西，并将其储藏在秘密巢穴里，参见西顿笔下的《乌鸦银圆》。猴子懂得将树棍和石块分别存放。马戏团里的动物稍加训练，就能表演翻牌游戏，展示它们能被动接受了将各种花色的牌分别看待的技能。可以说，自古以来，人类对动物的蓄养来源于两种需求，一个是食物需求、另一个是收集需求。饲养观赏动物显然不是为了吃，特别是在人类发展到可以安然果腹以后，探索的好奇心让我们收集各种自然“产品”，矿石、树叶、古人留下的文物以及各种动物。

品种越繁多且差异越大的东西，带给收藏者的快乐越多。这些东西迫使我们不断地探索学习，但永远不能完全了解，于是就更加渴望地去重新寻找并收藏，逐渐入迷。正所谓，快乐是来源于过程的而不是来源于结果。我不知道为什么有些人的收藏欲望强烈，有些则非常冷淡。我没有学过关于这方面的知识，但我知道绝大多数具有饲养动物爱好的人都是收藏迷。我们把一个品种收集来饲养，然后按自然分类法或形态的相似性将它们分门别类。此时，饲养箱就成为了一个个盛满收藏品的珍宝箱。它先是占据了我们家居的许多空间，然后迫使我们不得不建立自己的收藏室（专门用来存放饲养箱的房间）。这种做法在当前房价高涨的现实情况下，看上去既荒唐又极度奢侈。拥有独立饲养室的人群却经常不是城市中最富有的那一部分，有些甚至连中产都算不上，古今中外皆是如此。到底是什么让这群人着了魔，为什么别人却不会呢。换个角度看问题，我们发现了一样的现象。

音响的发烧友们疯狂地收集并组装着各色音响，在他们的家里随地都可以捡到喇叭和电子元件，各种木箱子拥挤在房间的某个区域，它们随时等待被安装上电路和喇叭，然后发出优美的声音。古董收藏爱好者家中有大量的瓶瓶罐罐，里面承载着沉甸甸的历史。许多古董收藏者都有自己的收藏室，有些人甚至拥有自己的博物馆，比如：著名的马未都先生。当然，古董价值连城，而且随着时间的推移还会升值，因此，有些人把这种爱好说成投资而不是爱好。这种说法有些拜金而且荒谬，如果不是具有深深的爱好，古董收藏者是不会具有渊博的历史知识的，而没有这些知识作为基础，他们也得不到精湛的收藏品。这和动物爱好者有惊人的相似，在箱养动物的收集过程中，爱好者必须具备丰富的自然科学知识。不然，就连养活这些动物的技术都不具备，更不用谈收集、分类和繁育了。

通过向音响和古董爱好者的咨询，我了解到，他们真正的快乐来源于不断对电子知识和历史知识的探明，当他们解开一个又一个科学之谜时，内心的成就感愈演愈烈，心情自然无比快乐。这样看来，收集动物爱好也是如此的，最快乐的时候不是我们饲养动物的那个过程，而是通过学习了解这种动物的前世今生，以及它奇妙的自然史故事。不了解动物本身特点的人，也绝不会寻找和收集它们。

做两个饲养箱，你的动物收藏就从此开始了

把小虎螈逐渐养大，看它慢慢地变强壮、变丰满。在养成动物的过程中，我们得到了快乐

养成游戏

收藏动物和收藏其他东西一样，都有一个副产品，那就是收藏品本身升值带来的财富。虽然，这些财富不是爱好者们参与收藏的主要目的，但通过自己喜好的事情带来金钱，这肯定是非常鼓舞人心的事情。音响爱好者自制的音响在发烧友市场中价格不菲，古董的升值更是让许多人身价亿万。动物，特别是饲养箱中两栖动物，显然升值潜力不佳，除去近几年少数几种受保护的蛙在黑市上的价格看涨外，其余两栖动物本身都不升值。然而，它们却在我们的家中不断的生殖。在饲养箱中繁殖动物，不但可以带来快乐，而且出售它们的子女还有额外收入。饲养难度越高的品种，带来的收入也越丰厚。这让大量的发烧级别爱好者疯狂地投入到此项活动中。即便不能在人工环境下繁衍的两栖动物，我们也非常喜欢看它们从小到大的成长过程，并以养大养肥它们为荣。这看上去和当前互联网上经常出现的一些游戏很相似，比如“开心农场”之类的产品。网络游戏让我们虚拟地饲养培育一些生物，然后享受其生长过程给我们带来的由浅入深的快乐与满足。真实世界里，两栖动物同样达到了这个目的。而且，它们比鱼好养、比猫狗好打理、比许多动物的生长周期都短、比种花更活生生一些。所以，这还是一种“养成游戏”。

什么是“养成游戏”，这个词我也是从电脑游戏里面借鉴而来的，如果你玩过美少女梦工厂、主题公园、主题医院等游戏，或正在互联网上“种菜”、“养宠物”、“建城市”，那么你就能理解什么是养成游戏。这种游戏相对

在饲养箱中，动物和植物和谐地生活着，你既是这个小环境的设计者，也是操控者。和电子游戏不同，这个环境是真实存在的，而不是虚拟的

格斗游戏、战略游戏来讲，不需要玩家具备灵敏的反应能力和熟练的操作能力，没有血雨腥风的较量。取而代之的是培养和等待的耐心，还有独具匠心的设计能力。格斗游戏和战略游戏最后的胜利是将对手打败，而养成游戏的胜利是你的思维方式比所有人都新颖。我曾调查过电子养成游戏的设计思路来源，其实很简单，游戏设计师就是把搭积木、种花、养鱼、制作小手工等这些现实游戏电子化了，并由于虚拟世界的自由性和低成本可以把种花变成种菜、把养鱼变成养孩子、把搭积木变成建城市而已。

在饲养两栖动物的过程中，建设一个两栖生态饲养箱的过程给了这种爱好区别于养宠物的这种养成游戏。养猫养狗并没有自己设计的过程，虽然宠物饲养场和研究人员在不断改良猫狗的模样和习性，但普通饲养者只是将人家培育好的品种养大、养肥、养得听自己话而已。建设两栖生态饲养箱的过程则是一种纯粹的原创设计，我们必须从选择原材料、绘制图纸开始，直到完全竣工，你会发现你为一只青蛙设计了一个你理解并欣赏的微小自然环境。而这种设计，让养成游戏变得有了个性，人们可以用不同的饲养箱设计方式来体现自己的审美观和对大自然的理解。于是，这个游戏要比其他养成游戏更有意思一些，应当说它是一个集合了设计、经营和养成类模式为一身的综合游戏。

宠物

从养成游戏的角度上看，被我们现在所蓄养的动物、植物都是这个游戏中的一个“玩具”，我们乐于用不同的玩具相互组合，观赏相应产生的不同结果。“玩具”是具有生命的，玩时间长了，人和动物就可能产生感情。在很大程度上，人在游戏中喜欢扮演父母或主人的角色，以管理和照顾这些动物的生活为快乐，虽然我们总抱怨这青蛙伺候起来真麻烦，但仍然乐此不疲。这就是所谓的宠物。

宠物太吸引人了，而且饲养宠物这种活动的历史也非常悠久。早在原始社会人们就驯养了狗，确切地说，当时狗是一种工具动物，在被驯化后，它们帮助人类看守财产、守护羊群、寻找猎物。在几千年的人类文明史里，这种动物的功能逐渐发生了变化，看守财产的职责由各种高科技的锁代替了，而狩猎物似乎已经不是人类生存的必需活动，然而我们仍然喜欢狗，把它们饲养在更清洁的房间中。享受同样待遇的还有各式各样的宠物猫，它们再也不用负责抓老鼠了，只需要懒懒地趴在主人怀里撒娇耍赖。不懂宠物的人认为，宠物只是一种观赏动物，在几百年间，人们将狗和猫改变成了自己需要的花色，满足欣赏的需要。这是一种错误的观念。虽然宠物看上去确实比野狗、野猫花色多且美丽。在改良这些动物的时候，初衷并不是完全为了让它们更好看。德斯蒙德在《裸猿》一书中描写到“短脸、肥胖、软毛的宠物狗，比粗生活的野狗更容易和人亲近，给人安全感，抚摸它们的感觉如同抚摸婴儿细腻的皮肤和毛发，小狗和小猫喜欢向主人撒娇，甚至搞一些恶作剧，越

宠物猫、狗在长久的人工培育下，发展演变出了类似人的面孔和表情。培育者似乎也赋予了它们人的性格和气质，于是猫和狗就成了毋庸置疑的最佳宠物。图中的猫和狗是我母亲的宠物，它们在家中陪伴母亲，填补了我长久不在家的空缺

两栖动物的一些行为，看上去很像是人类的某些表情，所以我们也善意地认为它们是有感情的动物。这类两栖动物被饲养者当做另类宠物，图中是瘰螈"排骨阿尔法"

是这样，我们越喜欢它们，不舍得批评，我们宠着这些猫、狗。"显然，宠物最重要的作用是陪伴主人，这和我们现今的单元房有直接关系。在钢筋水泥的丛林里，人们终日忙碌着，经济越发达，人们的感情寄托似乎会越少。孩子在上大学以后就开始离开父母独自生活了，而许多年轻人因为经济压力不得不选择晚婚晚育，甚至成为了"丁客"。于是，作为高级社会动物的我们，身边的伴侣越来越少，虽然聚会、酒宴甚至夜总会能解决一些问题，但我们很难避免感到孤独。人们需要一个和"自己一群的"动物，既可以做心灵交流又可以完全顺从自己，而且不随意滋事的伙伴。狗和猫充当了这个角色，虽然在动物贸易非常发达的今天，宠物商店里还有其他一些动物出售，如：兔子、仓鼠、龙猫、雪貂、鹦鹉、乌龟、蜥蜴甚至蟒蛇。但它们永远替代不了猫和狗的位置。由于动物本身智商和驯化历史长短的因素，就与人的沟通和互动这个问题，狗把其他动物远远地甩在了后面。

两栖动物有的时候也会出现在宠物商店里，通常和蛇还有蜥蜴并排摆放，被称为宠物蛙。最典型的品种是南美角蟾，它肥胖的身体和可爱的面部表情成了重要的卖点。在光顾宠物店的人当中，特别是那些年轻的小姑娘，首次看到角蟾会非常感兴趣，甚至会惊奇地大叫。被人工改良成嫩绿色或黄色的角蛙从正面看还有一幅似乎总在微笑的面孔，在不足 5 厘米的时候，它简直就是一张大笑脸，身体和四肢因为生长得太小都被忽略了，看上去比任何猫都更接近哆啦 A 梦的形象。似乎这种宠物可以和贵妇犬和波斯猫一样吸引饲养者，当具有"爱心"的姑娘们在冲动下将其购买回家，或使其男友将角蟾作为某种特殊意义的礼物送给了她。不过，你不能像和狗亲热一样地拥抱青蛙，也不能总抚摸它，而且它在生长的过程中性情越来越粗暴，甚至会咬了你的手。角蛙绝不吃狗粮，它们吃蟋蟀和面包虫而且必须是活的，饲养虫子既让小姑娘感到恶心也有难闻的气味。角蛙永远听不懂你说话，即便是最简单的条件反射也没有，它们的生物等级还太低等。看一看电影《单身男女》里男主人公和女主人公对那只牵系他俩爱情的角蛙的不同态度，就能知道对于多数女性来说将蛙作为宠物是多么困难的事情。

狗和猫在饲养一段时间后都能记住主人给自己起的名字，根据品种不同，它们还能记忆一些其他的语言符号，如趴下、坐下、回家、听话等。狗把粪便排泄到家门外，你带它逛街的时候也是它上“厕所”的时候，猫将粪便排在指定地点，由猫沙包裹，减少了异味的发散，而且容易清理。任何青蛙都没有狗和猫那样的好习惯，它们可以将粪便排泄到任何地方，甚至食物旁，任其在空气中弥漫气味。虽然饲养宠物蛙不用使用带有植物造景的饲养箱，但用有机玻璃制作的饲养盒内也要放置隐蔽物，而两栖动物多半时间是隐蔽在里面的，你看不到它，更不可能一呼唤它的名字，它就摇摆着尾巴走出来。于是，它的主人会后悔饲养了这个宠物，因为它的确不是宠物，只是在幼小的时候用一张看似可爱的面孔欺骗了你的爱心。这并不是说两栖动物不值得人爱，只是说，爱它们的方式和爱小狗的方式是完全不同的。

这样的话，宠物蛙的叫法真的很牵强。其实我觉得宠物蛇、宠物龟、宠物鱼都很牵强。与真正动宠物不同，这些动物没有作为宠物最核心的素质，与人交流。也许严格意义上，宠物只能指哺乳动物，但是不是宠物的条件是人定的。也许，我们已经越来越不关注动物和我们的交流了，也许能够有充足时间养猫和狗的人越来越少了，也许我们把一些冷血动物称为宠物更多是为了迁就我们那颗需要宠物的心。不论怎样，你当众说你的宠物是只蛙，是没有人会站出来反对的。

电影《单身男女》中的“蛙兄”

我一直把这只角蛙当宠物养，给它起名叫“常茂”，因为它从小残疾，一眼大一眼小，就如同评书《明英烈》里的“雌雄眼儿”常茂将军

大鲵是现存最古老，也是最大的两栖动物。通过对它的观察，我想古代的两栖动物定然是巨大而凶悍的，不知道为什么，它们的后代大多成为了渺小而脆弱的生灵

两栖动物自然史总论

生命起源于水中，之后一部分来到了陆地，随即成为了这个地球的主宰。陆地比海洋更适合动物向高等方向演变，大气中的氧比水中多很多，而且阻力也小了不少。于是，高等动物出现了，比如脊椎动物。人类也属于脊椎动物，在这一点上，昆虫、蠕虫、珊瑚等和我们不是一类，它们没有脊椎，有些身体保持了原始的辐射生长而不是对称平衡的。鱼、鸟、两栖动物、爬行动物和我们一样有脊椎，从昆虫和珊瑚的眼睛中看，人和鱼、鸟、青蛙、蛇应当是更近的亲戚。鱼是最古老的低等脊椎动物，它们全部生活在水中。按照达尔文学说，最早登陆的鱼应当是我们和所有陆生脊椎动物的祖先，而始终没有登陆的那些是现在鱼类的祖先。4 亿年前的泥盆纪晚期，这些祖先们就开始登陆了，登陆的理由是逃避水中的敌害，寻找更丰沛的食物，还不经意地同时获得了丰沛的氧气。当第一条鱼完全脱离了水中的呼吸模式，这种动物的名字也发生了变化，它们不再叫鱼，而是称为两栖动物（虽然现在少数两栖动物还是终生生活在水里，但它们的呼吸模式与鱼已经有了本质的区别）。

不管怎么说，在现代科学能解释的范围里，远古的两栖动物肯定是人类和所有陆生脊椎动物的祖先。实际上，进化的过程中出现了很多分支，古两栖动物的一支演变为古爬行动物，后来变成鸟类，还有一支演变为哺乳动物一直到人类，还有若干支在进化道路上中途夭折，剩下的变成了现生的品种，蛙、蟾蜍、蝾螈和蚓螈。虽然它们看上去和我们差异如此之大，但如果广泛地考虑地球上现有更多无脊椎动物的话，我们应当称呼它们青蛙“表叔”或蝾螈“大舅”。因为，仔细看，我们从外观上更接近青蛙而不是蚂蚁或蜘蛛。你对现生的两栖动物有怎样的看法呢？黏糊糊、冷冰冰、脆弱、孤独、胆怯、喜欢潮湿、吃恶心的虫子和蚯蚓、有毒、善于游泳，如果加以烹调可能是美味？ 1758 年，林奈[1]在他的《自然系统》一书中是这样描述两栖动物的：这是一些污秽和讨厌的动物……它们有着冰冷的身体、暗淡的体色、软骨的骨架、不洁的皮肤、难看的外表、不停转动的眼睛、难闻的气味、刺耳的叫声、肮脏的栖居地以及可怕的毒液……因而造物主没有尽力去造出太多的这种动

[1] 卡尔·冯·林奈（Carl von Linne，1707 ～ 1778 年）是瑞典植物学家、冒险家，首先构想出定义生物属种的原则，并创造出统一的生物命名系统。

两栖动物身上的黏液经常让自己沾染上许多污物，看上去脏兮兮的

物……不知林奈博士怎么会对两栖动物有如此多的敌意，但他的描述的确反映出这类动物的主要特征。变温、骨骼中有较多的软骨成分、种类稀少，而它们的毒液、体色和气味等，多是为了抵御或躲避敌害所具有的特征。

的确，两栖动物多数是黏糊糊的，如果你用手去抓它们，你的手上会留下大量的黏液，这些黏液还使它们经常脏兮兮的。在泥土上爬行的时候，黏液会使大量尘埃附着，对于两栖动物来说，这是一种无奈的选择。它们需要大量的黏液帮助裸露的皮肤保持水分，毕竟它们刚刚来到陆地上，还不能像爬行动物、鸟和哺乳类那样，有效地固锁身体里的水分，保证自己在任何时候都不会干枯。黏液的作用与蛇的鳞片、鸟的羽毛、兽的毛皮类似。站在高等动物的角度去想一想，它们是多么可怜啊，为了维持水分分泌黏液，而这些黏液却容易黏附污物，甚至让人们觉得其很恶心。

现存的两栖动物种有 4200 种左右，相对其他有脊椎的亲戚来说可不算多。鱼类有 22000 多种、爬行动物有 8000 多种，就连哺乳类都比两栖动物多。两栖动物的分类也少得可怜，在两栖动物纲下只有 3 个现生目，无尾目（Anura）、有尾目（Caudata）、无足目（Gymnophiona)。很难想象，这类动物也曾兴盛一时，在恐龙没有出现的时候，它们还曾是大陆的主宰，食物链的顶端。作为第一批登陆的脊椎动物，两栖动物有着漫长的发展历史，但是关于两栖动物起源和演化的历史，现在仍然不很明确。

两栖动物的祖先是肉鳍鱼类，到底是起源于哪类肉鳍鱼却还没有人能找到确凿的证据。生物学家们曾经把泥盆纪的真掌鳍鱼（Eusthenopteron）作为两栖动物的祖先。乃至总鳍鱼中的扇骨鱼类都有后来发展成为两栖动物的可能。但是，新近的研究否认了这种说法，两栖动物的祖先到底是肉鳍鱼类中的扇骨鱼类还是空棘鱼类或者是肺鱼尚不能说清楚。这三类鱼的前两种已经灭绝，我们只能通过化石考证。肺鱼却活到了现在，我在热衷于对两栖动物饲养研究这一爱好后，一直想亲自饲养一条肺鱼，以便系统地观察它和两栖动物之间的微妙关系。事不随人意，虽然水族店里维多利亚肺鱼是常客，但由于它过于丑陋，我至今没有下定决心去购买。澳洲肺鱼看起来威武许多，而且身上有坚硬美丽的鳞片。不过，它们太昂贵了，我又一时接受不了，于是从鱼到蛙的观察设想，始终停留在憧憬中。就现有的知识看，肺鱼的确很像两栖动物。维多利亚肺鱼没有鳞片，体表摸起来又滑又黏，这种感觉在摸青蛙的时候也是一样。在完全干旱的时候，肺鱼可以做一个“茧”把自己埋藏在泥土里保持湿润，而我饲养过的角蛙、牛蛙、小丑蛙都有这样的能力，不少蝾螈也有。肺鱼离开水后可以靠皮肤呼吸，许多无肺螈也采取这种方式，其他许多蛙类和蝾螈的皮肤也可以帮助它们交换空气。更有趣的是，我把墨西哥顿口螈捞上来看的时候，它肢体扭动的姿态和在水族店里人们捞起肺鱼的姿态完全一样。于是，凭这一点点观察，我总觉得两栖动物可能真是某种古生肺鱼的后裔。

最早的两栖动物是出现于古生代泥盆纪晚期的鱼石螈和棘鱼石螈，它们拥有着较多鱼类特征，如：尚保留有尾鳍，不能完全在陆地上生活。古生物学家通常认为鱼石螈和棘鱼石螈代表鱼类和两栖动物之间的过渡类型，但当它们系统地研究了化石后，发表论文证实这两种古螈只是两栖动物早期进化的一个旁支，不是现代两栖动物的直系祖先，真正最原始的两栖动物和它们的鱼祖宗一样也尚待发现。进入石炭纪后，两栖动物迅速分化，并在古生代

就我的观察，澳洲肺鱼不论是形态还是行为都与两栖动物有许多类似之处

在我的想象中：鱼石螈应当具有类似白鳝的身体，已经分指的前肢和半裸露的外鳃，而且它们应当是凶猛的猎食动物

的最后两个纪石炭纪和二叠纪达到极盛，这段时期也因此被称为两栖动物时代（之后地球进入恐龙时代）。这个时期的两栖动物多种多样，适应不同的生存环境，有些相当适应陆地生活，有些则又回到了水中，有些大型的种类如石炭纪的 Eogyrinus 可以长到 4 ～ 8 米长，习性颇似现代的鳄鱼，还有不少相貌奇特的“怪物”。据考证化石的专家说，那时绝对有大小可以和暴龙匹及的两栖动物。与现在的两栖动物不同，这些早期的两栖动物身上多具有鳞甲。这样看，澳洲肺鱼作为两栖动物祖先的可能性就更大了，毕竟维多利亚肺鱼和其他无鳞的肺鱼没有那么古老，它们的出现年代和两栖动物的祖先对不上账。但澳洲肺鱼是彻头彻尾的老“古董”。在古生代结束后，大多数原始两栖动物灭绝，只有少数延续了下来，而新型的两栖动物则开始出现。

鱼石螈和棘鱼石螈的牙齿有类似总鳍鱼的迷路器官，被归入两栖动物纲的迷齿亚纲。鱼石螈和棘鱼石螈组成了迷齿亚纲的鱼石螈目，鱼石螈目自泥盆纪晚期出现后延续到了石炭纪早期，而在石炭纪早期迷齿亚纲的另外两个目也已经出现。迷齿亚纲的这两个目分别代表两栖动物的主干类型和两栖动物中向着爬行动物进化的类型。迷齿亚纲中一类称为“离片椎目”的是两栖动物的主干类型，在石炭纪和二叠纪时遍布世界各地，而在古生代结束时，离片椎目的一些成员仍然繁盛了一段时间，是原始两栖动物中唯一延续到中生代的代表，有些甚至到中生代后期才灭绝，这些中生代的迷齿类分布广泛，体型巨大，如三叠纪的乳齿螈（Mastodonsaurus），头骨长度就超过 1 米，主要生活在水中。向着爬行动物进化的类型是石炭螈目，主要发现于欧洲和北美，一直不很繁盛。石炭螈目中最著名的当属二叠纪的蜥螈（Seymouria），蜥螈同时具有两栖动物和爬行动物的特征，对于其到底是两栖动物还是爬行动物曾有争议，直到发现了蜥螈蝌蚪的化石才确认其是两栖动物。因为蜥螈生活的时代要晚于最早的爬行动物，所以不可能是爬行动物的祖先，而爬行动物的祖先尚待发现。另一类与爬行动物非常相似的两栖动物是阔齿龙类（Diadaectes），它们曾经被分类于爬行动物的杯龙类，后来才发现原来是两栖动物。

在石炭纪和二叠纪还曾经生存着一类牙齿没有迷路的原始两栖动物，被归为壳椎亚纲。壳椎类多体型较小，非常特化，其中包括一些相貌奇特的成员，如石炭纪的Dolichosoma完全没有四肢，而二叠纪的笠头螈（Diplocaulus）有着独特的三角形的头。古生代结束时，壳椎类全部灭绝，是否留下了后代尚不明确。

进入中生代后，现代类型的两栖动物开始出现。现代类型的两栖动物身上光滑而没有鳞甲，皮肤裸露而湿润，布满黏液腺，被归入滑体亚纲。这种皮肤可以起到呼吸的作用，有些两栖动物甚至没有肺而只靠皮肤呼吸。最早的滑体两栖类是三叠纪的原蛙类，如三叠尾蛙 Triadobatrachus，与现代的蛙有些类似，但是有短的尾。有尾目和无足目出现的晚些，有尾目出现于侏罗纪，而无足目到了新生代初期才有可靠的纪录，不过无足目特征比较原始，可能更早便已起源。现代两栖动物的起源现在没有定论，有人认为无尾目起源于迷齿类，而有尾目和无足目起源于壳椎类，也有人认为三者的共性很多，有着共同的起源。

前文介绍了，现生的两栖动物分为三个目：无足目、有尾目和无尾目。这种分类名称非常容易记忆，至少要比鱼类复杂的分类名称容易许多。理解

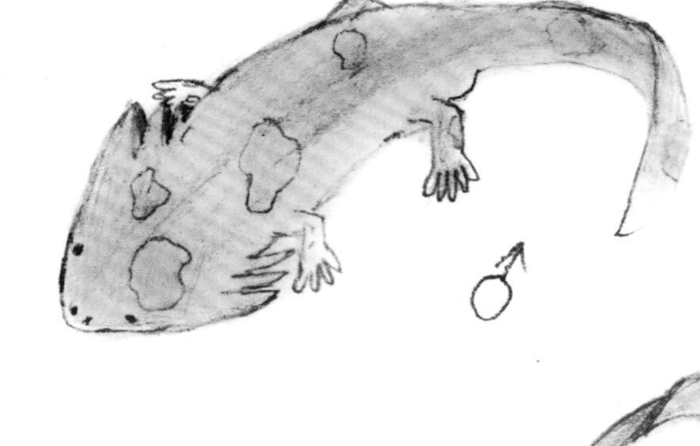

我用大鲵的身体和墨西哥钝口螈的外鳃特征拼凑出古老的笠头螈，之所以这样设计这种动物，是因为我在资料上看到它们的习性和现生的大鲵、墨西哥钝口螈很接近

上图：白天的时候蛙类通常利用保护色将自己隐蔽起来，这是一只爬在树皮上的莫丝蛙

下图：蝾螈为了保护自己，大多能分泌毒素，它们用腹部鲜艳的颜色警告天敌

起来就是，没有脚的两栖动物单成一类，有脚的中，没有尾巴的和有尾巴的各自一类。

无足目或称蚓螈目通称为蚓螈，是现代两栖动物中最奇特、人们了解的最少的一类，它们离我们的生活也最远，其品种最难见到。蚓螈完全没有四肢，看这个名字就知道了吧，它们肯定很像蚯蚓，不但模样像，生活方式也接近。它们是现存唯一完全没有四肢的两栖动物，也基本无尾或仅有极短的尾（这样想一想，它们多像一个皮口袋啊，或者是现代速溶咖啡的袋子），身上有很多环褶，看起来如同蚯蚓的环节，多数蚓螈也像蚯蚓一样穴居，生活在湿润的土壤中。蚓螈虽然有眼睛，但是比较退化，有些隐藏于皮下或被薄骨覆盖，而在鼻和眼之间有可以伸缩的触突，可能起到嗅觉的作用。一些蚓螈背面的环褶间有小的骨质真皮鳞，这是比其他两栖动物原始的特征，也是现代两栖动物中唯一有鳞的代表。所有的蚓螈都是肉食性动物，主要捕食土壤中的蚯蚓和昆虫幼虫。不少蚓螈是卵胎生，也有一些是卵生。蚓螈共有 160 余种，分布于大多数热带大陆地区、各类大小岛屿，如澳大利亚（大陆），马达加斯加和加勒比海诸岛等没有它们的踪迹，而在印度洋的塞舌尔群岛却有分布。

有尾目是两栖动物中最不特化（这是学术上的说法，科学家认为没有尾巴或没有四肢是一种特化现象，标准的动物应当四肢健全而且具有尾巴）的一目，终生有尾，多数有四肢，幼体与成体比较近似。有尾目有水生的也有陆生和树栖的，有些水生成员还终生保持幼体形态。有尾目成员中的个体差异是两栖动物中最大的，其中最大的中国大鲵 *Andrias davidianus* 身长可达 1.8 米，而最小的墨西哥索里螈 *Thorius* sp. 身长不到 3 厘米。有尾目出现于侏罗纪，现在主要分布于北半球，其中半数以上的科和种都分布于北美洲，东亚和欧洲也有一定数量，南美洲只有少数成员，而非洲撒哈拉沙漠以南和大洋洲则没有分布。这些动物似乎都很怕热，在南北回归线中间那条物种极其繁盛的

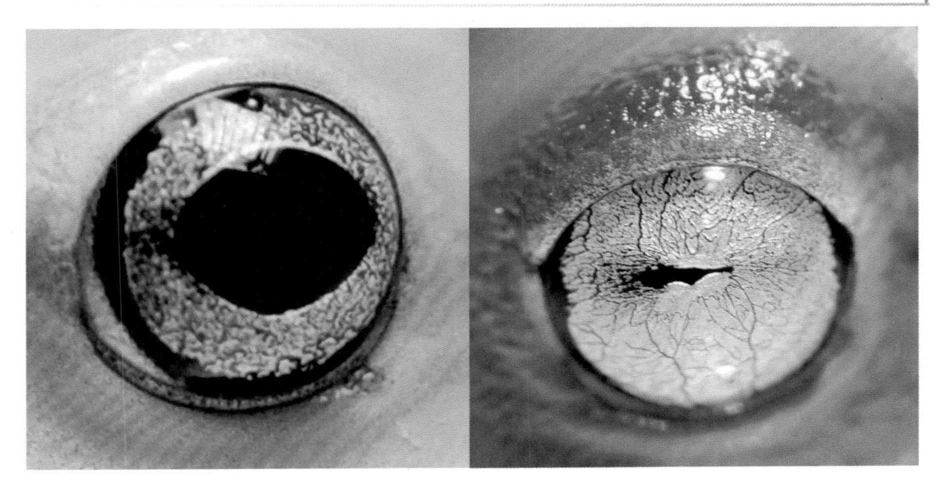

许多蛙类是夜行性动物，它们的瞳孔和猫的一样，在光线强时缩小，光线弱时扩大

生命带里，几乎没有它们的踪迹。而阴冷潮湿的温带寒带丛林深处却是它们的乐园。显见，它们应算动物中是少数隐居起来的“高士”，有多少动物在争夺着那片看似物资丰沛，适合生存的热带地区啊，就如人类都在争相向往到看似繁华的大都市生活一样。有尾目的动物却没有傻乎乎地这样做，它们也许坚信“平安就是福”。

有尾目可分为原始的隐鳃鲵亚目和进步的蝾螈亚目。

隐鳃鲵科和小鲵科在外表上和习性上相差很大，但共同拥有一些原始的性状，如体外受精，并有不少幼态性状，因此被同归入隐鳃鲵亚目，作为有尾目中最原始的代表。隐鳃鲵亚目的成员分布基本局限在亚洲特别是东亚，只有隐鳃鲵科的隐鳃鲵（*Cryptobranchus alleghaniensis* 美国大鲵）分布于北美。另外，极北鲵（*Salamandrella keyserlingii*）除了分布于亚洲北部外，也可以在欧洲北部见到。

无尾目包括现代两栖动物中绝大多数的种类，也是两栖动物中唯一分布广泛的一类。无尾目的成员体型大体相似，而与其他动物均相差甚远，仅从外形上就不会与其他动物混淆。无尾目的幼体和成体区别甚大，蝌蚪有尾无足，蛙和蟾蜍无尾而具四肢，后肢长于前肢，不少种类善于跳跃。所有无尾目的成员要么叫某某蛙，要么叫某某蟾蜍。但蛙和蟾蜍这两个词并不是科学意义上的划分，从狭义上说，二者分别指蛙科和蟾蜍科的成员，但是无尾目远不止这两个科，而其成员都冠以蛙和蟾蜍的称呼，一般来说，皮肤比较光滑、身体比较苗条而善于跳跃的称为蛙，而皮肤比较粗糙、身体比较臃肿而不善

作为一个个人两栖动物研究者，我经常把这些动物放在手上观察，它们的体温比我低很多，所以捧在手上的时间不能太长，否则它们会被我的体温“烫伤”

跳跃的称为蟾蜍，实际上无尾目的有些科同时具有这两类成员，在描述无尾目的成员时，多数可以统称为蛙。无尾目历史悠久，三叠纪便已经出现，直到现代仍然繁盛，除了两极、海洋和极端干旱的沙漠以外，世界各地都能见到。无尾目的动物在热带地区和南半球尤其是南美洲的热带雨林中最为丰富，其次是非洲，可分为原始的始蛙亚目和进步的新蛙亚目，或进一步将始蛙亚目划分为始蛙亚目、负子蟾亚目和锄足蟾亚目。对于科的划分也有很多不同意见。

当你接触两栖动物的时候，必然会感到冰凉，它们的体温比我们低，它们不能像我们一样，通过热量转换将体温恒定。鱼、爬行动物和两栖动物都是变温动物，事实上，地球上能自我恒定体温的动物只有鸟和哺乳类，我们站在了体温控制技术的最高端。两栖动物的体温和环境温度是一致的，在夏季会略高，春秋季则低一些，但不论怎样高，也达不到人类的体温，37℃对它们来说是致命的灾难。我们摸它们的时候总感到凉，而它们会觉得我们的手很热。如果你长时间用手去把玩一只青蛙或蝾螈，其裸露皮肤造成的迅速热传递，会灼伤害它们，严重的时候甚至会被热死。就如同我们用手去揉搓一朵鲜花，最终那花会枯萎凋零。虽然有些两栖动物发展出了一些略微高明的办法来阻止过快的热传递，蟾蜍生长出粗糙厚实的皮肤，牛蛙具有很厚的皮下脂肪，但相比具有羽毛的鸟类和毛皮哺乳类来说，隔热的效果仍然欠佳。我们常认为两栖动物是很脆弱的，即使在饲育者的爱抚中也能痛苦地死去。对于这一点，我想下一个定论：“爱它就不要老摸它”。

几乎没有一种两栖动物是集群生活的，即使繁殖的时候，雄性和雌性也只有短暂的房事过程，然后就分道扬镳了。初夏的池塘边，你会听到络绎不断的蛙鸣。雄蛙在那里求偶，然而它们却是极不负责任的父亲，当受精卵进入池塘后，它们就离开了，甚至另寻新欢。雌蛙做得也很差劲，只有少数的品种或许会看护卵直到孵化，大多数在产卵后就远离池塘寻觅食物去了。箭毒蛙、负子蟾和部分蝾螈是两栖动物中的另类，它们会照顾自己的卵成长到不同的阶段。这一切都是由单亲完成的，并不存在雌雄之间的配合，更谈不到群体的配合。有人观察到，在雄性箭毒蛙看护蝌蚪的过程中，雌性会来到小水坳内产下未受精的卵来喂养蝌蚪，但那并不是它在履行抚养义务，而是被雄蛙欺骗了。雄蛙作出虚假的求偶状态勾引具有成熟卵的雌蛙，雌蛙接受了这个信号并把卵产在雄蛙设计好的地点（饲养有蝌蚪的水坳），然后它不给卵受精，蝌蚪则享受了这份营养价值极高的美餐。

关于两栖动物不能组成团体活动的事实，并不难解释。它们是食物单一的动物，它们只需要虫子来填饱肚子。不论是昆虫、蠕虫、蛞蝓、蚯蚓或其他什么爬动的虫子，虫子在池沼边或原始森林中非常容易得到，因而这样的狩猎活动不需要团队的配合，独往独来倒更不容易惊动猎物。狮子、狼以至人类本身都是靠团队配合来获得食物的，因为我们生活的环境中食物资源更贫瘠，而且猎物更大。狮子和狼生活在草原和荒野，猎物是羊和鹿这样的动物。它们如果像青蛙那样蹲守在一处，等待猎物经过时一口吞下是绝对不可能的。人类的食物非常复杂，我们不仅仅吃肉，还要有粮食、蔬菜、水果、奶制品等，有的时候我们也吃昆虫。这样复杂的食物结构，使我们无法单一完成采集工作，于是我们有了更复杂的社会团队，懂得分工，并越来越细化。

你也许会问，在蛙类和蝾螈的食谱中，似乎已经包括了许多品种的虫子，如蟋蟀和蚱蜢属于昆虫，蜘蛛则是蛛形纲的动物，蛞蝓和蜗牛是软体动物，蚯蚓是环节动物，角蛙和牛蛙甚至还吃小鸡和老鼠，大鲵和一些蝾螈更喜欢吃鱼。这样的食谱难道不复杂吗？如果你切实饲养两栖动物，并喂养它们许久，你就会知道，这些动物其实不关心食物的品种和搭配，只关心这些食物是否能一口吞下。即使你只用蟋蟀喂养一些两栖动物品种，它们仍然每天吃

即使最温顺的两栖动物也是一个独立的猎手，它们单独行动捕食多种虫子

两栖动物大多数具有毒腺，但只有如箭毒蛙这样的少数品种才对人造成威胁，接触日常生活中能见到的青蛙和大蟾蜍是安全的

得很开心，丝毫不会有厌食的感觉，而且通常不会有严重的营养不良情况出现。它们对食物的需求只是果腹而已，至于口味和均衡膳食，则从来没有思考过。你看到它们吃那么多品种的动物，只是因为这些动物都不经意间来到了两栖动物的口边，或被你强塞给它们。

有些人惧怕两栖动物，认为它们有毒。的确，一些两栖动物具有毒腺以自卫。但这些毒素真正能伤害到人的却是凤毛麟角。在已知的两栖物种中，只有泽氏斑蟾和野生的箭毒蛙所分泌的毒液才对人有致命的伤害。前者在2002年已经被列入了极危动物红皮书，目前野生个体是否已经灭绝并没有准确的实证，但至少在水族和宠物贸易中我们是绝对不可能再看到的。野生的箭毒蛙也全部列入了CITES Ⅱ中，被严格限制输出。目前参与贸易的个体都是人工繁育的子二代，它们已经完全退化了祖先留下的毒性。在中国常常有老人吓唬孩子说：不可以摸蟾蜍，蟾蜍有毒，摸了会浑身长癞。我们姑且认为，这是祖先留给我们教育孩子保护蟾蜍的手段，但这种对蟾蜍的“污蔑”确实有些不公平。在传统观念里，蟾蜍与蛇、蝎子、蜘蛛、蜈蚣合并称为五毒，说真的，就蟾蜍皮肤腺体里分泌的那一点蟾酥，如果拿出来跟另四位“大哥”的毒液体相比，必然会让四位笑掉大牙。蟾酥完全是蟾蜍为了防御捕食它的鸟类和小型哺乳类所衍生出的产物，对人简直没用，只要不弄到眼睛和裸露的伤口里，你尽可以放心地让其黏附在你的手上。在中医药中，蟾酥还是非常好的一剂清火药物，中国人利用它治疗疾病大概有数百年的历史了。我们必须正视两栖动物和两栖动物的保护问题，而不是用有毒的怪物这样的名词，来在儿童心中制造恐惧，促使其远离自然动物。实际上，恐吓、吓唬并没有起到真正的保护作用，这反使儿童对这些动物有了敌视观念。在许多乡村，当结伴的儿童在玩耍中发现路过的蟾蜍、蝾螈或小蛇时，他们多半都把这些动物踩死或用工具打死，并以此证实自己为民除害、消灭五毒的勇气和力量。其实，我们要对野生的两栖动物敬而远之的原因只有一个——它们吃害虫，是大自然食物链中不可缺少的一部分，我们过度接近会让它们感到不安，甚至死亡。

人们经常用“青蛙王子”来形容游泳健将。其实，并不是所有两栖动物都是游泳健将，虽然我们看到池塘边的泽蛙一个猛子扎下去就可以无影无踪，但还有很多蛙根本不会游泳。比如角蛙、番茄蛙和一些树蛙，它们如果被浸泡在深水中可能会被淹死。青蛙被淹死，听起来似乎是可笑的，可这些蛙是只生活在丛林里和树冠上的，这样看来，我们的森林和树木简直就是一个大水库，可以让最需要水的陆地动物离开河流、湖泊。

有些爬行动物生活在海洋中，如海鬣蜥和湾鳄，这类动物靠腺体排出多余的盐分。两栖动物则不成，它们全都只会利用淡水，而且非常怕盐，除了大型的蟾蜍有可能来到海滨的沙地上寻找食物，多数品种从不向往大海，更不愿意被淹制成“腊肉”。谈到游泳这个话题时，还要说一些游泳健将。光滑爪蟾是终身生活在水中的蛙类，它们有超凡的游泳速度和惊人的潜水本领，在水中憋气的时间可能达到一个小时之久。墨西哥钝口螈更厉害，它干脆终身保持幼体的姿态，长期使用外鳃呼吸水中的溶解氧。对于它们来说，到陆地上来是荒唐而危险的事情，它们也不用把头浮出水面换气，于是我们觉得这种蝾螈更像是一条鱼。

上图：许多树蛙有超强的攀爬能力，但它们却不是游泳高手

下图：蝾螈是潜水高手，可只要一上了陆地，就行动迟缓了

角蛙一旦长大，便暴露出它们凶险和残忍的本性

角 蛙

我们经常能在爬虫商店里看到这样的情景，一个年轻美丽的小姑娘站在店内环顾四周，到处堆满了蛇、蜥蜴、蜘蛛、蝎子等让她看了毛骨悚然的动物，当她的眼光落在幼小的角蛙身上时，终于可以闪出惊奇与赞扬。“哎呀！这个小东西好可爱啊，好萌，好卡哇依啊！我要养一只。”于是在多数恐怖动物的对比下，小姑娘买下了一只3厘米的角蛙，当她刚要携带这个小“天使”走出爬虫商店的时候，发现自己忘记问售货员这个动物吃什么东西了。于是她回来，“请问，我平时喂给它吃什么呢？”售货员漫不精心地指了指地上的大塑料箱子说：“蛐蛐”，那里面趴满了黑黝黝的蟋蟀。小姑娘看后恶心了一下，接着问：“那我必须用手拿着喂它吗？”“那倒不一定，不过角蛙长到10厘米以上的时候，就不适合喂蛐蛐了，可以喂老鼠。”售货员又说。“老鼠？活的老鼠？”小姑娘似乎有些慌了。“就是那边那种”售货员指了指另一旁的塑料箱子，里面拥挤着几十只小白鼠，一股刺鼻的骚味顿时扑向了小姑娘稚嫩的脸庞。最终，她说服了售货员退了这只“小猛兽”。她很幸运，遇到的是一个有诚信的商人，但每年都有好多人在购买角蛙的时候，被奸商告知这种小宠物是吃饲料的，并同时购买了一瓶龟饲料，于是，那些角蛙不得不在饥饿中含恨而终。

的确，年幼的角蛙可能是唯一一种能让人们感到可爱的两栖动物，其他品种都只能用鲜艳、奇特、怪异这样的词来形容。但这并不说明角蛙是一种真正的可爱动物，更不能认为它们如维尼熊、皮卡丘或Hello kitty一样乖巧

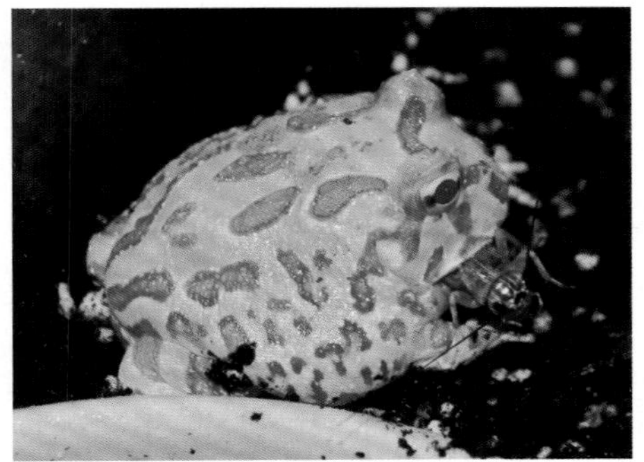

幼体的角蛙看上去非常可爱，一旦它们长大了，就会成为彻头彻尾的野兽

左图：南美角蛙（绿色）　　右图：南美角蛙（白化）

左图：蝴蝶角蛙（红色）　　右图：南美角蛙（棕绿色）

得具有童话色彩。著名的观赏鱼专家贾巴赫·黑格尔曾经这样说过：“毋庸置疑，大多数时候，水族箱是一种以男性为主的爱好，多数女性并不喜欢它。”在从事一些关于水族箱发展史的讲座时，我曾特意解释过黑格尔先生这句话的含义，总体来讲，因为水生动物虽然看起来美丽奇特，但饲养它们却腥骚恶臭，它们生活不能“自理”，你必须帮其清理粪便，而这些动物的食物往往是让人看了恶心的大肉虫子。男人们会对此津津乐道，因为在其忍受了各种肮脏的劳动后，会看到自然的奇葩在家中“绽放”。而女士们多数时间不喜欢让脏水玷污自己香喷喷而细嫩的手。所以，角蛙肯定不适合文前那类小姑娘饲养，角蛙生来是两栖家族中的凶猛动物，在其鲜嫩颜色的花纹中，隐藏了一张有身体一半大的嘴，随时准备吞下所有来访的动物，即使来者与自己的身体基本一样大。

我曾经多次为角蛙写文章，不论是写物种科普知识还是饲养技术推广，我都不忘记给角蛙下一个正确的定义。它们是一种“吃一锅，拉一炕，甩一窗台，弄一门框的懒惰动物，是彻头彻尾的长腿垃圾桶”。

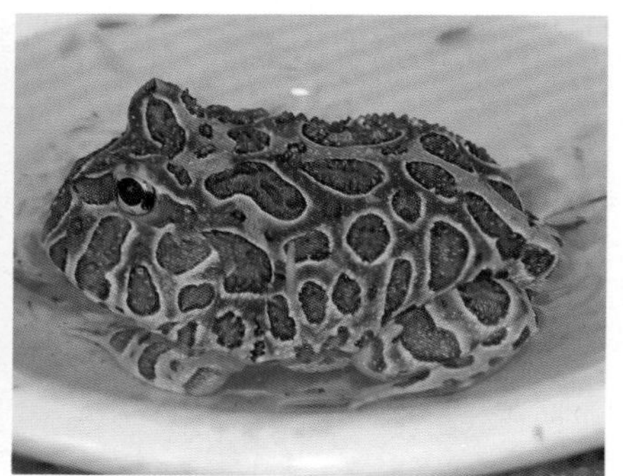

左图：苏里南角蛙（棕色）　　右图：钟角蛙（红绿色）

相信很多猎奇的朋友多喜欢观看角蛙吃东西，对于成年的角蛙，一只活老鼠或一只鸡雏是它们最喜欢的食物。一口咬住，看那小动物在角蛙口中挣扎，看它们被角蛙的犁骨与颌骨挤压得七窍流血，然后连皮带骨地吞下去，这种血腥的场面似乎在《侏罗纪公园》里看到过，而角蛙和暴龙的确都属于冷血动物。所以，有时候，我认为角蛙不但不适合女性饲养，更不适合儿童饲养，如果把角蛙吃食的场面拍摄成电影，至少属于二级B类片。不过，饲养角蛙是比看血腥电影更麻烦的事情，你必须要解决它们吃完东西的善后工作。在吃了这么大一块食物的4～7天后，角蛙就会排便。随便坐着坐着，这家伙一使劲就能拉一大堆，然后一屁股坐在上面。可能有些不舒服吧，左蹭右蹭把这些粪便弄得哪里都是，然后继续吃。有时候还会一时疏忽地将自己的排泄物混同食物一起吞了下去。虽然，有些角蛙会在拉完后，离开自己的粪便，但如果饲养者比较懒，没有及时清理，那它们仍然会在不久后坐上去，用后腿掘出一个屎坑。一只被消化后的老鼠，在被排泄出来后所散发的腐败气味在10平方米的范围内都可以闻得到。这便是角蛙这种动物最见不得人的小秘密，我先把它公之于众，以免人们选择饲养后再后悔。

当然，角蛙并不是一无是处，如果你真的喜欢两栖动物，那么角蛙给你带来的收获远比你为它清理污秽付出的辛苦多。

无论怎么说，角蛙是最大众化的两栖宠物，在水族宠物店里很容易见到。角蛙色彩丰富，在人工杂交培育下，有金黄色、草绿色、咖啡色、绛红色、薄荷绿等，有些身上甚至出现了鲜明的红绿对比花纹，看上去如同一个大花荷包。小的时候学过一个绕口令："大花碗底下扣了一个大花活蛤蟆。"如果把角蛙扣在一个大花碗底下，那简直太贴切不过了。不过，这些绚丽的颜色并不是野生角蛙所具有的。通常意义上，我们所饲养的角蛙是一种叫做南美角蟾的改良后代，黄金色的是它们的白化品种，绿色的是和秘鲁角蟾的杂交后代，棕色的是对原种基因的继承，不过花纹也多不同于原种。比南美角蟾更名贵一些的是钟角蟾，或称为阿根廷角蟾，它们在南美洲的自然分布比南美角蟾要狭窄，而且性情更为凶猛。种角蟾的原始种应当是绿色的，身上还有绛红色的花纹。如果将角蟾所有原种的颜色进行对比，钟角蟾一定能摘得桂冠。钟角蟾在人工的改良过程中，所获得的颜色不多，一般是绿色和黄色（白化）两种，但人们在它们的花纹上大做文章，于是出现了所谓血丝钟角蛙这类的花色，那些绿底上的红色花纹被刻意地选拔提纯，从而从绛红或褐色变成了血一样的红色，衬在鲜绿色的皮肤基底上。

如果你饲养的角蛙再上一个档次的话，那就是苏里南角蟾了，或称为霸王角蛙。从名称上我们可以看出，它们分布得比钟角蟾还要狭窄，所以数量

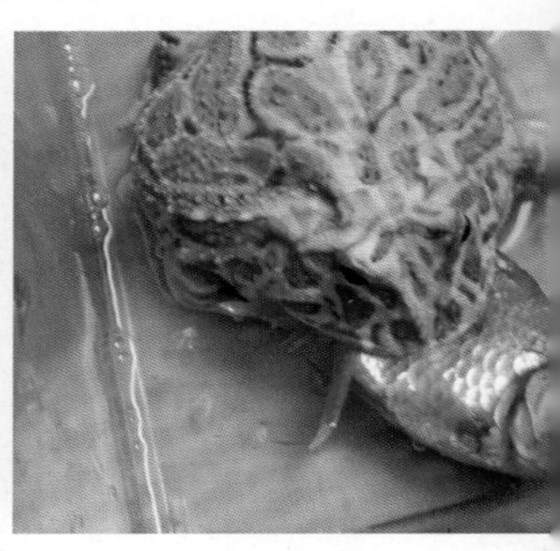

角蛙是非常凶猛的食肉动物，它们吃所有自己嘴能吞下的动物

更为稀少。通常情况下，它们的市场价格是南美角蟾的 7 ～ 8 倍，是种角蟾的 4 倍以上。苏里南角蟾是三种常见角蛙中最后被人工驯化的品种，在很长的一段时间里，这种眼上方角很长的品种一直依靠野生捕捉来满足市场。我知道国外有人工繁育的记录，也不过是近几年的事情，随着人工繁育的成功，有更多的幼体充盈了市场，而且它们从原先只有褐色个体发展出了绿色和褐色绿背的品种。如果用苏里南角蟾和南美角蟾杂交，就能得到现在市场上非常普及的蝴蝶角蟾，因为它继承了苏里南角蟾后背上如同蝴蝶翅膀一样的花纹而得名。但它们还是没有真正的苏里南那样精神，经常趴在饲养盒里，而不像苏里南角蟾那样总是用前腿将头和胸支撑起来，看上去雄赳赳气昂昂的。初见到蝴蝶角蛙的朋友，往往很难将它们和苏里南角蟾区分开，最简单的办法是看它们的下巴，下巴是全黑色的是苏里南，而下巴是黑白花纹的是蝴蝶角蛙。作为一个很成功的杂交两栖动物品种，蝴蝶角蛙生下来就是为了让人们用来观赏的动物。所以，它们的颜色最丰富，有绿色、棕色、红绿色等，甚至还有近乎全身为绛红色的个体。不过，这个品种没有金色的，也就是说，它们不像南美角蟾和钟角蟾那样出现稳定的白化个体。这很容易解释，它们是同属不同种的后代，所以自己本身不具备繁殖能力，它的爸爸（苏里南角蟾）没有白化的，它自然也没有了。

市场上角蛙多数是 3 ～ 4 厘米的幼体，这些小蛙被放在小塑料盒里，一蛙一盒，否则它们会互相吞食。在供货量大的季节里，会有成百上千的个体堆放在商店里，每一只的花纹都不一样，想购买的人可以尽情地挑选。但一定要挑选活跃的个体，那些总趴在水中打蔫的小家伙，通常是在运输过程中受伤了，或因为饲养水中氨含量太高而中毒的，是养不活的。

健康的小角蛙非常活跃，在角蛙的一生中只有体长在 2 ～ 6 厘米的阶段是还算喜欢运动的，如果你向饲养盒里投放一只蟋蟀，它会追逐着去咬。但当体长超过 6 厘米后，不论你投放什么样的活饵它们都不会去追逐了，而只是安静地坐在那里等候食物自己跑到嘴边才大口一张将其吞掉。有的时候，我们等不急了，就用镊子夹着食物塞到它嘴边，于是角蛙变得更为懒惰，饭来张口，甚至如果不用镊子夹着，即使饵料动物爬到它嘴边也不吃。我的最后几只角蛙，简直成了“瘫痪”动物，我每次用镊子夹着老鼠或鸡肉在它们眼前一晃，它们的嘴就张大，然后我用镊子将食物一直塞到它们嗓子眼儿里，它们再闭上嘴。整个过程如同向有盖子的垃圾桶里扔东西。

角蛙食量非常大，生长也很快，而且几乎能吃的都吃，昆虫、蠕虫、鱼类、蜥蜴、蛙类、小型哺乳类是照单全收的。一般刚买回的小角蛙可以喂给小鱼和面包虫，当然小蟋蟀它们也吃得下。不过，小角蛙有些是具有个性的，我饲养过的角蛙中有一个家伙就从小不吃蟋蟀，即便误吞了也会马上吐出来。这并没有影响它的生长，最终还是安然地成年了。在喂养幼年角蟾时要注意在食物中添加钙粉和维生素。如果觉得两栖动物专用的钙粉过于昂贵，可以用墨鱼骨研成末代替，而维生素可以研磨人服用的综合维生素片。使用的方法是将饵料裹上药物粉末，干燥的饵料可以先喷上一些水。

当小角蛙成长到 5 厘米以上的时候就可以吃小青蛙（饲料青蛙）或小鹌鹑了，这个时候就可以减少钙和维生素的补充。因为活体的脊椎动物包括骨骼和内脏，在营养均衡上具有优势。不要担心你的小角蛙不能吃下几乎与它同大的饵料，5 厘米的角蟾吃下 4 厘米的青蛙是没问题的。5 厘米以下角蛙最好每天都喂给食物，一次一条小鱼或若干个蜕了皮的面包虫。而当开始投喂青蛙或鹌鹑的时候，一周喂两次就可以了，喂多了容易撑死它们。有的人喜欢喂给小角蛙乳鼠（没有长出毛的小老鼠），因为小哺乳动物的营养比其他动物都高，至少 5 ～ 6 厘米的角蛙如果每周可以得到一只乳鼠的话，就不用在食物里添加钙粉了。

对成年的角蛙蟾来说，可选择的食物更是丰富了，这一点并不是因为小角蛙多为挑食，而是大的个体嘴也相当大，可以吞下更丰富的东西。一只 12 厘米的角蟾口裂足足有 6 ～ 7 厘米，吞下一只成年的仓鼠或者 50 克的金鱼是很容易的事情。我为它们尝试过的食品有很多，算下来至少一二十种。牛肉、鲜鱿鱼、金鱼、虾仁、蚱蜢、仓鼠、小鸡、蜥蜴等，总希望它们的食物更丰富些，也怕长久一种食物会造成厌食。后来我知道自己是多虑了，因为它们的确不在乎食物到底是什么，在乎的你是否把食物放在它们眼前晃，我后来还在它冬季长时间休眠前喂给过角蛙鱼肝油，也是用镊子夹着在其眼前一晃，就被吞了。结果拉出来后，把整个饲养箱都弄得油腻腻的，用洗涤灵刷了好几遍才不那么恶心。有一次我甚至荒唐地让角蛙吞下了一枚橘瓣，我非常担心它会因消化疾病而死，但第二天那家伙仍旧吃掉了一只青蛙。我最喜欢喂给角蛙的也是青蛙，因为它最为容易吞咽，也不像金鱼有锋利的鳍条，蛙的骨骼还可以补钙，而且水产市场有很多养殖的出售（水产市场出售的多是养殖林蛙）。最不愿意投喂的是老鼠，虽然角蛙强大的胃酸可以消化老鼠的骨骼，却不能消化老鼠的毛。所以食鼠后的粪便更为恶心，奇臭无比。成年角蛙虽然食量大，但最好不要过多地投喂。以投喂一次，排便一次，再投喂一次为周期，周期一般在一周左右。

角蛙的生长速度如何？当然可以人为控制。如果温度在 26 ～ 28℃，每天坚持喂食，大概 8 ～ 12 个月就可以从 3 厘米长到 12 厘米。不过，我还是希望它们的生长速度慢些，过快的生长和每餐大量的食物会撑散它们身上的花纹，使颜色暗淡下来。我最多每周喂 3 次的，这样成长到最大体长需要接近两年的时间，不过颜色会很好看。成年的角蛙可以连续 4 ～ 5 个月不吃东西，再感到饥饿难耐的时候会拼命地饮水。被水撑得鼓鼓的肚子瘫软在一处，一动不动，看上去像小时候玩的水气球。不过，不要轻易地饿它那么长时间，过久的不进食会使它们失去食欲而忘却再开口，随而饿死。

角蛙吃东西的时候并不论其净否，只是囫囵吞枣。因此，如果处理不当常，就会有异物伴随食品而混入肠胃。若是少量的苔藓和细沙倒也罢了，会随着粪便排出。倘是大团的纤维物质（如尼龙绳）或较大的石子，就很难被排出了。常常会阻塞消化道或者排泄腔而造成死亡。想想，如果肚子里有一块或一堆石子，排也排不下，吐也吐不出，那一定难受得不活了。除了注意饵料清洁外，还要特别注意饲养空间的设计。

一般人认为角蛙不必要饲养在两栖生态缸中，即使有了田园诗般的豪宅，也会被它们毁掉。你看看成年角蟾那两条结实的后腿，还有上面具有黑茧的爪子就可以知道它们是挖掘高手，放在生态缸中肯定可以刨了所有植物的根。不过像养小乌龟那样，把它们只放在潜水盆中饲养也不是好的举措。人工杂交品种和白化品种还可以最好饲养在 30 厘米长的爬虫盒里，在里面铺一张和底面积一样的吸水海绵，要比垫苔藓和椰土强得多。整块的海绵不会被错误地吞咽，而且每次排便后清洗十分方便。对于一些野生的个体，如苏里南角蟾可以把饲养空间放大一些，里面垫一些苔藓和枯叶，这样能缓解它们的紧迫感。如果将一些野生种类一开始就放在只铺设海绵的空旷饲养盒里，它们可能会不吃东西。

饲养角蛙的容器不必过大，可以根据它们的生长情况，逐步升级。把太小的角蛙饲养在过大的容器里，它们就很容易捕捉不到食物，因为蟋蟀比它跑得快多了。高度在 30 厘米以上的盒子也不用加盖，角蛙跳跃能力实在太差，

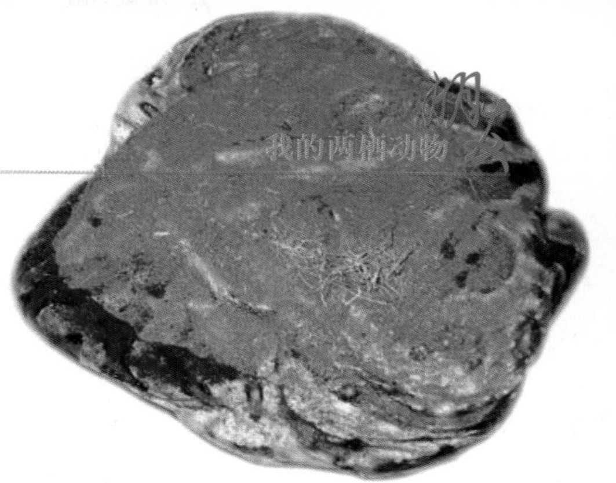

冬眠期的角蛙会分泌一层类似蚕的黏膜，黏膜干燥后可以保证身体内的水分不流失

大的个体你把它肚皮翻转地掉过来放着，它自己仍然翻不回来。饲养盒内最好设有一个人工的洞穴或半个花盆，给它们提供一个躲避的场所。如果没有这个场所，角蛙会不停地用后腿挖掘，生长到 5 厘米以上的时候，它们就能用后腿将海绵刨碎，坐出一个坑来。粉碎的海绵屑有可能会被误吞掉，影响消化系统健康。

饲养角蛙一般温度要维持在 24℃以上，最佳温度是 25 ～ 28℃。高于 30℃时会导致过热而死，低于 22℃时食欲开始减退，而 20℃以下就完全不进食也不运动了。空间湿度要在 70% 以上，否则会脱水，当然在北方很难控制湿度，所以要总保持垫材海绵是湿的或者在盒子里放一个浅水盆。但不论怎样为了增加湿度，角蛙也不能老泡在水里养，这样很容易患皮肤病。

外伤会导致伤口溃烂，而垫材不洁净会导致腹水和局部炎症。如果你确实不经意忘记了清洗海绵，导致角蛙在自己的粪便堆中感染了。不要惊慌。可以用土霉素溶水后喷淋在患处乃至全身，并每天清洗海绵，更换新水，一般一个月左右就可以康复。除此以外，强壮的角蛙几乎从不患病。一般情况下可以在人工条件下活 4 年以上，长寿者可达 6 ～ 7 年。

我没有尝试过繁殖角蛙，从进口商那得到的消息是目前引进的角蟾全部为雌性，偶尔能见到的雄性个体，往往又因“感情不和”，会在同居时被老婆吃掉。都说雄性的角蛙是会叫的，叫声如电锯的声音，我还没有听到过。因为角蛙是热带草原动物，那里干湿两季分明，它们多在雨季到来前产卵。可能是我不能制造出干湿分明的环境，造成它们荷尔蒙分泌停滞，对于两栖动物来说，不发情自然不会鸣叫。

现在很多人，会让自己饲养的成年角蛙在人工环境下冬眠一段时间，方法是将它们埋在椰土中，放入冰箱冷藏室内。在低温（4 ～ 5 ℃）的情况下，角蛙就冬眠了，只要保持椰土略微潮湿，它们就能美美地睡上几个月。在出土的时候，身上会蜕下一层厚而硬的老皮，如同昆虫蜕的茧一样。我从来没有让自己的角蛙冬眠过，只是在出差期间让蝾螈和树蛙冬眠，不是因为我怕角蛙不能接受冰箱里的环境，而是当我有了完全属于自己的冰箱后，我已经不再饲养角蛙了。

番茄蛙

“鬼灵精怪”这个词是我从一个广东的朋友那里学到的，通常玩笑的时候，他就将身材小巧而具有明显面部特征的人称为鬼灵精怪，也可能是“骨灵精怪”。总之，广东话我一时听不清楚，也没有刻意去问。我想，这个词大概是用来形容人或其他什么动物稀奇、玲珑而具有显著的特色。我不清楚“鬼灵精怪”是褒义还是贬义，但用来描述番茄蛙确是很恰如其分了。大不同于我们脑海中绿色青蛙的深红或橘红色身体，遇到一点惊吓便鼓作个“皮球”。短小而结实的四肢，再配上一双明亮突出的鱼肝油色眼睛，我想不论是鬼灵还是精怪，它都是够格的。当番茄蛙正视你的时候，总感觉是对你怒目而瞪，胆小的定会有些怯然，不知你哪里惹到它了。我一直想送那个广东朋友一只饲养，让它看看这是不是最恰当的鬼灵精怪，但由于时间和琐事一直未果。

自然界中，越高级的动物呈现出红色的可能性越小，比如哺乳动物里没有一种是全身红色的，所谓的红鬃烈马和红狐其实是赭石色或红褐色的。鸟类出现红色羽毛的就多了一些，热带的还是温带的、食虫的或食谷的，都有一些品种出现鲜红的羽毛，雄鸟用这种颜色来吸引雌性。爬行动物里的红色个体也还算多一些，比如王蛇、王者蜴等。对于两栖动物来说，红色品种的比例要比鸟和爬行动物都少，以至我们习惯地认为但凡青蛙就应当是绿色、墨绿色或土色的。于是，当番茄蛙第一次出现在观赏动物市场时，没有仔细观察的人们甚至会误认为它是一种螃蟹。我想了想，这种错误的认知是可以理解的，当番茄蛙被惊吓的时候，会鼓起富有光泽的红色身体，变成椭圆形，是很像螃蟹盖子，不过是煮熟的。由于猎奇心理的影响，番茄蛙的市场一直很好，不论是以前高价的野生个体，还是现在人工繁育的廉价幼体，都能在大中城市的水族宠物市场里脱销。我是在2004年在两栖动物展馆工作时开始接触番茄蛙的，对于展览来说，番茄蛙除了鲜艳的颜色能吸引游客外，它们还是我展馆中唯一一种来自马达加斯加的动物。这个一直在人们脑海中很神秘的物种起源胜地，让番茄蛙更受到关注。

左边一只是雌性，右边一只是雄性，雄性通常比雌性更红一些，雌性通常更暴躁一些，拍照的时候都“气”得鼓起了身体

番茄蛙这个称呼，是因为这种蛙的成年个体的身体如同一个成熟的西红柿，而被饲养者起的爱称。岸暴蛙是它们的学名，我原来一直以为，这种蛙很暴躁，但查阅了资料才知道，“暴”是指的暴雨，它们在当地暴雨季节来临的时候集体产卵繁殖，所以学名里才会有个“暴”字。和几乎所有马达加斯加产的动物一样，岸暴蛙也是该岛的特有物种。共有三个亚种：岸暴蛙 *Dyscophus guineti*、安东吉利暴蛙 *Dyscophus antongili* 和 *Dyscophus insularis*。其中安东吉利暴蛙数量最少，处于濒危状况，列在《濒危动植物种国际贸易保护公约》（CITES）附录Ⅱ中。国内能引进的只是岸暴蛙 *Dyscophus guineti* 一种。前两年，听说有人引进了体色更红的安东吉利暴蛙，也勾起了我的猎奇心理，到处寻觅，结果那是个传说。

番茄蛙是一种生活在热带沼泽地区的蛙类，成体大小在 8 ～ 10 厘米。几年前，我们还只能在市场见到野生的成体，这两年，每逢春季就有大量小拇指的指甲盖大小的幼体，从美国“飞到”中国来。这充分证明了这两年两栖动物人工繁育技术的提高和国内关于野生动物进口的政策放宽。

和所有的两栖动物一样，番茄蛙也不喜欢运动，但擅长挖掘。常常将身体半埋在自己刨出的浅坑里，那两条后腿便是坚实有力的挖掘工具。挖坑的时候一坐一坐的，用臀部使劲，也不回头看。我一直想，假设正在“坐坑”时，从屁股后面冒出一只可怕的咬屁股的虫子，如蜈蚣、地老虎什么的，番茄蛙该怎么办。我是没有蛙类这样的胆量，在野外郊游需要坐在土地上的时候，我都会垫上报纸。

饲养番茄蛙的空间要尽可能宽阔一些，我在水族馆工作的时候，使用的是90厘米×45厘米×50厘米的饲养箱饲养两只成体，其间2/3是陆地，1/3是水池，因为其不善于跳跃，故没有加盖。实际上，我觉得还应该再大一点儿，因为在这样的环境里，仍然觉得它们时而紧迫。为它们铺设的底材都是比较干净的，担心不洁会在挖坑时候导致细菌感染。起初使用无菌土和无菌树皮的混合物，后来干脆改为鲜水苔。我不用花店里经过压缩包装的水苔，因为含有许多防腐剂。造景植物上简单地使用了几棵鸟巢蕨，直接连花盆一起埋到垫材里面，情调还是不错的，管理起来又方便。用了几块小沉木和大卵石搭建了几处躲避所，它们也蛮喜欢的。水池里种植了粗生的水草，还放了些小鱼测试水质。并且安装了生物过滤系统，以减少换水的压力。光照用了一根40瓦喜万年的水草卤素灯管，适合植物缓慢生长，又不过于明亮。

2009年后，我在家中饲养的幼体番茄蛙就没有这么豪华的环境了，只是用整理箱里垫吸水海绵的办法饲养，它们生活得也很好，我觉得是因为人工繁育个体更能适应人工环境的原因。我用这个方法饲养野生个体或人工繁育的成体时，它们就绝食了许久。应当说，番茄蛙还是比较神经质的蛙类，不论是人工的还是野生的，都会因为突然的环境改变或惊吓而绝食，所以饲养环境一定不要经常变化，而且最好在饲养空间里有椰土、苔藓这样的垫材，方便它们挖坑。就我的观察，你要是不让番茄蛙挖坑，它们就会在成年后彻底绝食，抗议至死。

番茄蛙很小的时候就能吞吃乳鼠

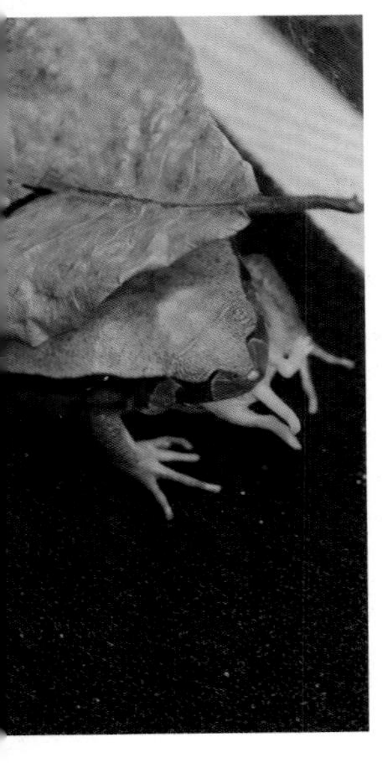

番茄蛙喜欢生活在23～30℃的环境里，所以冬天必须加热，夏天也要少许降温。因为它是赤道附近的物种，又生活在沼泽地区，有的时候温度在一两天内偏高1～2℃是无大碍的。但冬天绝受不得冷，低于20℃就不进食了，时间长了便会死亡。至于湿度，当然不能低于80%。和草原上的角蛙不同，它们有的时候还是喜欢泡个澡的。因此，水池是必要的，这样也减轻了对湿度控制不好所带来的负担。一旦湿度骤然下降，番茄蛙至少可以躲入水池避难。别看它们四肢短小，游泳、潜水都不逊色于其他蛙类。

番茄蛙是一个守株待兔的狩猎者，从来不到处寻觅食物。只是坐下来耐心地等，等昆虫路过它的面前就一口吞下。经过训练可以用镊子夹着饵物喂养，体形大到一定程度的时候还能吞吃乳鼠。我一般给它们提供的饵料就是蟋蟀，若夏天去野采，也能带回蚱蜢、蝶蛾等，就算是青蛙过大年了。蟋蟀在投喂前要裹上钙粉和维生素，但不必每餐都有。成年的番茄蛙可隔一两天喂一次，由于番茄蛙有时不时闹厌食的习惯，若不是用镊子夹着喂食，你必须看着蟋蟀被吃完方可离去。不能让蟋蟀和番茄蛙一起过夜，蟋蟀有尖利的“板儿牙”，有时会嗑咬蛙的皮肤造成感染，没有吃完的蟋蟀必须取出。在没有蟋蟀的时候也可以投喂大麦虫，在国内的水族市场上，大麦虫较蟋蟀更容易买到，不过不能长时间喂给，大麦虫的表皮太不容易消化了。幼年的番茄蛙比成体能吃，它们对食物要求不高，只是囫囵地吃，而且能吞下相当于自己身体 1/3 大小的食物。不过，人工繁育的小番茄蛙长大后，一般没有野生的颜色鲜艳。对此，饲养者有三种说法，第一是所有进口个体都是雄性的，雄性的确没有雌性红，甚至是橘色的。第二是饲养时间不够，很多人认为，只有生长到 5 年以上的番茄蛙才能呈现出鲜艳的红色。第三是食物和水，由于人工环境下无法提供非洲本地的一些昆虫，特别是一些有毒的昆虫，而且水也不像热带地区呈现弱酸性、低硬度。

我倾向于第三种说法，2010 年我做了一个幼体成长的实验，用有毒的蜘蛛喂养小番茄蛙，饲养用水全部使用纯净水，结果那样饲养到了 2011 年 5 月番茄蛙生长到 8 厘米时，的确比其他饲养者的同批幼体红。不过那也可能是个个例，因为我一没有做对比实验，二也没有将实验坚持下去。

在自然界里，越鲜艳的东西越有毒，这是一个约定俗成的规律。鲜红色的番茄蛙在受到惊吓时体表会分泌一种微毒的白色液体，虽然接触人的皮肤无害，但倘若进入眼睛、口腔里，就不乐观了。所以，用手接触番茄蛙后，不要揉眼睛，要记得洗手后再吃东西。

多数时间番茄蛙都将自己半埋在自己刨出的浅坑里

幼年的番茄蛙并不是红色的，随着生长它们会逐渐变红

非洲牛蛙

只要成体能生长到20厘米以上，就应当算是大型蛙类了。即使这个门槛如此低，能达到标准的品种也寥寥无几。牛蛙家族，自然是勇得桂冠的佼佼者，南美牛蛙就是由于其可以生长到1千克以上，被引入了世界各地，成为了一道名菜。它的非洲亲戚没有遭到这种待遇，一直在非洲草原上过着野性的生活，直到20世纪70年代开始有人猎奇地将它们作为宠物饲养，才逐渐被人类所了解。在短短的几十年里，非洲牛蛙的野生数量一直下降，这并不仅仅

幼体的非洲牛蛙，模样还是很可爱的

是宠物捕捉的原因，更多的因素来源于全球气候变化造成的非洲草原干旱期延长。在2011年，非洲牛蛙被正式列入了CITES附录Ⅱ进行保护，也就是在同年，中国的一些爱好者首次批量地人工繁育了这种动物。据当时的消息，国外也有许多爬虫场已经繁殖成功。我想，这个物种应当没有灭绝的危险了，作为一种大型蛙类，它们繁殖能力强，每次的繁殖数量也非常可观，特别是该物种已被我们中国人繁殖成功了，这意味着什么呢？看看南美牛蛙现在在菜市场的价格，再想想大鲵人工繁育个体的数量，也许再过几年，这种生长速度比南美牛蛙还快的两栖动物，就有可能上咱们的餐桌了。

非洲牛蛙是我接触比较晚的一种两栖动物，在水族馆搞两栖动物展览时一直都在寻觅这个物种，但当弄到了第一只幼体后，我便由于种种原因匆匆离职了。直到2011年，我才又开始饲养这种动物。这次弄到的是人工繁育的个体，而且应当是学术上称的艾德斯珀萨斯非洲非洲牛蛙（*Pxicepharus adspersus*），是能生长到最大的那个品种。早在2006年我离开水族馆时弄到的应当是埃杜利斯非洲牛蛙（*Pxicepharus edulis*），那个品种要比艾德斯珀萨斯成年后小5厘米左右。这次我购买的时候，那牛蛙大概5厘米左右，按惯例，我将它饲养在一个垫有吸水海绵的整理盒里，并不是很精心地喂养。相对其他娇气的两栖动物来说，非洲牛蛙既让我省心，也让我放心。它们可以半年不吃东西，也不用老跳到水中洗澡。一次可以吃相当于自己体重一半以上的食物，而且排泄物是条状的，不会散落得到处都是，也不会被它自己坐成屎酱。于是，我只是每周给它吃一个乳鼠和10只蟋蟀，等到2周左右排便了就用镊子加着它的污秽物，小心地埋在花盆里。花生长得很茁壮，看上去我照顾花要比牛蛙更用心，牛蛙简直成了为我制造优良花肥的工具。即使是这样的粗放饲养，牛蛙也生长得很快，半年后，它就有 15 厘米大了，身上幼体才有的三道黄色纵纹已完全退去。这个时候，我开始喂它成年小白鼠，每周吃 2 只。

我购买非洲牛蛙的季节是秋天，它在我家的暖气边上享福地生长了一冬，当春天来到的时候，物业非常按时地停了暖气供应，于是屋子里的温度低于了 20℃。非洲牛蛙果然是怕冷的动物，它开始萎缩起来，不吃东西。不过，北京的春天很短暂，4 月一开始，温度就回到了 20℃以上，我把老鼠扔到饲养盒里，牛蛙就冲上来把它吞了。

我觉得：美国电影《星球大战》中贾巴的原形就是非洲牛蛙

随着牛蛙的生长，我看出来它是个小伙子，因为它前肢越来越粗大，而且胸口和前肢内侧呈现出了美丽的明黄色。它从来不怕我，虽然不曾咬过我，但对我的手也没有什么恐惧感。有的时候，我郁闷了就把牛蛙从盒子里拿出来，放在桌上拍拍它的后背，它便鼓起肚子喘粗气。别的两栖动物都不能经常与你这样互动，它们要么太小，要么跑得太快，更主要的是，有些娇气的拍几次就吓死了。牛蛙不在乎，我甚至边拍它边给它蟋蟀吃，它生着气也不耽误往肚子里填食物。所以，我认为非洲牛蛙可能是唯一一种能被归为宠物的两栖动物。

在人工饲养情况下，非洲牛蛙会非常肥胖，变得行动迟缓

老爷树蛙

肉，肉，许多的肉。我最初通过互联网看到老爷树蛙的时候就是这个印象，那是 2003 年的事情，当时国内的观赏两栖动物并不多，屈指可算的几个品种里，最被看好的应当就是老爷树蛙。直到现在，一旦市场上大批量来货的时候，许多初学者还会随手收藏几只，因为大家都期待着饲养一段时间后，这种大型树蛙会变成像网络图片上那样的怪物。

由于容易饲养，老爷树蛙成为了最大众的观赏树蛙。现在已经有许多国内外的养殖场可以人工繁育它们了，真正能饲养成超级肥胖的个体却寥寥无几。至少我养过的老爷树蛙都没有成为现在爱好者们所说的“ET”。于是，这些老爷树蛙看上去非常普通，如果不是白肚皮上略微带一些嫩粉色的话，我丝毫不觉得它可以用来观赏。很多人说老爷树蛙贪吃，这并不确切，和很多陆地生活的蛙类比，它们都是比较挑食的。若和其他树蛙比的确有强壮的优势，但也不是最能吃的品种。小雨蛙、泛树蛙甚至是大眼树蛙在适应环境后，都要比老爷树蛙更能吃，老爷树蛙其实只占了个体大这个便宜，个体大能吃掉的饵料就大。通常，小型饵料要比大型饵料难得，所以喂养大个体的树蛙要更容易一些。

每年春节前，都会有大量的老爷树蛙从澳洲出口到全球各地，这些个体多是野生的，非常大，雌性大概能达到 15 厘米。它们在中国的价格大概是 150 元左右，其

正面看老爷树蛙有一张如同人的面孔，它们甚至还都是双眼皮。这一只长得很像憨豆先生

人工繁育的幼体老爷树蛙已经大量进入了市场

主要成本应当是运输费，捕捉价格应当非常低，因为老爷树蛙是非常常见的澳洲两栖动物。这些野生个体并不好养，弄不好就回“全军覆没”。中国的冬季，是南半球国家的夏天，这些树蛙正在它们的国家快乐地度过闷热湿润的繁殖期，在森林里大唱情歌。莫名其妙地，它们被抓住撞入笼子，在一片黑暗里度过了大概一周的时间，再一睁眼，已经到了寒冷的北半球。它们不明白，今年的冬天怎么来得那么早。一时难以适应，高度紧迫，不吃东西，最后死掉。有些个体会在贸易过程中在中国的香港、广州停留几周，这样的个体成活率会大幅增加。至少冬天的香港和广州没有北方那么冷，不至于让两栖动物一下子调节不了自己的体温。不过，现在似乎已经不用担心这些问题了。人工繁育的个体已经以廉价的方式充实了市场，野生个体已越来越少，谁还愿意冒着风险在澳大利亚北部和新西兰的山林里捕捉野生树蛙呢？要知道在这两个国家，随意捕捉野生动物是非常受谴责的事情。

幼体的老爷树蛙和角蛙一样容易饲养，它们对人没有恐惧感，可以不经训练就接受用镊子夹着喂给的食物，甚至可以在你手上吃东西。3 厘米的个体吞吃 1 厘米长的蟋蟀是没有问题的。随着它逐渐长大，能接受的食物也越来越大，直到能吃掉乳鼠。和所有树蛙一样，它们为了适应树上的生活，减轻自己的重量，排便频率比其他两栖动物高。吃了就会拉，吃掉一两，最少拉出八钱，所以要经常给老爷树蛙清洗饲养箱。为了方便，没有人在两栖生态饲养箱里饲养老爷树蛙，一个普通的整理箱子来得更实惠。当老爷树蛙把粪便弄得到处都是的时候，就可以将箱子整体放在自来水龙头下冲洗消毒。

老爷树蛙需要粗壮的树干作为自己的攀附物，如果你在饲养箱里放了许多小树枝的话，它们更多的时间是趴在箱壁上的。我实验过，要想让它们喜欢趴在上面，木头至少要直径10厘米粗。一节粗竹桶是非常好的选择，白天老爷树蛙还能藏在竹子芯里睡觉。由于竹子是绿色的，老爷树蛙的颜色也能保持嫩绿或蓝绿色，假如用树根、树皮这样的攀附物，它们会将自己的颜色调节成褐色，看上去不那么鲜艳。当然，根据个人喜好吧，健康而维持长久褐色的个体，有时看上去到像一块油腻腻的巧克力，也不算难看。

可能有人会好奇，“老爷”这个称呼怎么冠给了一种树蛙呢？我没有确切的证据来证实这个名称的由来，这些年来，我只是通过和许多两栖动物爱好者交流的过程中，才大概揣摩出了一个认为比较合理的名称来由。首先，老爷树蛙这个名字只用于华语地区，国外使用的名称有“white’s tree frog”后者“blue green tree frog”，前一个名字来源于老爷树蛙的学名：白氏树蛙或怀特树蛙，后面的名字是对其色彩的形象描述：蓝绿树蛙（发出淡淡蓝色的绿树蛙），也有称呼老爷树蛙为绿雨滨蛙的，雨滨蛙是对澳洲大多数大型树蛙的统一称呼，除绿雨滨蛙外还有大雨滨蛙和金色雨滨蛙等品种。当20世纪90年代这种大型树蛙作为观赏动物传到了中国的一些地区后，一个具有创意的名字诞生了，难怪人们说中国人是世界上最聪明的，老爷树蛙这个名字，大改了西方人用颜色特征和学名死板地给宠物起名字的方式。

只要是西方的观赏动物传播到中国，最先到达的肯定是台湾和香港地区，

只要悉心饲养一段时间，老爷树蛙就很容易和人亲近。它们爬在人手上捕捉食物

近一个世纪以来，这种情况一直没有变过。许多观赏动物的华语名称就是在这两个地区诞生的，台湾使用闽南话，香港通用粤语，其风俗习惯也与北方大有不同。“老爷”和“太太”这类的名词，在北方大多数地区，新中国成立以后就很少使用了。但在香港和台湾以及东南亚各国却持续使用到现在，直到老板、老总这样的称呼越来越普遍地用来形容富有的有自己产业的人，“老爷”似乎才感觉有些过时。什么是“老爷”呢？有钱，使奴唤婢，凡事靠佣人伺候的人即是。通过对老爷树蛙的饲养，人们逐渐发现，这种青蛙整天趴在那里一动不动，等你将食物送到它口边的时候就一口吞下，然后窝都不挪地在原地大小便。饲养者还要像伺候老爷一样，将这些粪便清理掉，随着这种树蛙越来越胖，脸上出现了许多肥硕的赘肉，如《星球大战》中的贾巴或者《加勒比海盗》中腐朽的欧洲贵族，而这两种角色都是名副其实的老爷。联想决定了一切，老爷树蛙的名字应当就是这样诞生的。如果这种树蛙先传播到中国的东北，它的名字也许是“傻狍蛙”，先传到北京也许就是“老佛爷蛙”了。

已经无法查证，老爷树蛙到底是先到的香港还是先到的台湾，我在2005年搞观赏鱼贸易的时候，在香港和台湾的存货单上都见过这种动物。据当时的贸易合作伙伴介绍，应当是在20世纪80年代末，老爷树蛙就零星地出现在东南亚的观赏动物贸易中了。一直以来，老爷树蛙的最大需求国都是美国，在人工繁殖上，它们还取得了许多突破，比如白化个体和体色稳定为淡蓝色的个体。改良的老爷树蛙是非常时尚的观赏两栖动物，难得一得，价格不菲。我没有尝试过繁殖老爷树蛙，因为它们个体太大了。就国外的资料看，需要很大的空间，至少得是小温室。我现在的情况无法提供这样的环境，随着我对两栖动物爱好的逐渐理性化，单纯的品种收藏猎奇已经不再让我有什么冲动，这个品种也逐步退出了我的饲养范畴。

老爷树蛙非常容易接受你用镊子送到它嘴边的食物，因此很容易变肥胖

大眼树蛙

芦苇蛙家族包括了产于东非的多数树蛙，其中个体比较大并受到两栖动物爱好者重视的首推是大眼树蛙。从名字就可以知道它的相貌，这种蛙的确有一双很大的眼睛。其实，青蛙的眼睛都很大，不过大眼树蛙的眼睛更大一些，而且角膜十分明亮，用清澈如泉来形容绝不过分。

大眼树蛙因一双明亮清澈的眼睛而得名

和大眼树蛙一起同居的斑腿泛树蛙，虽然它们都是雄性，还是常遭大眼树蛙的“性骚扰”

我在去年饲养过一只大眼树蛙，雄性，身体两侧有亮绿色流苏一样的花纹。从我饲养它开始，它就成了我“青蛙乐团”的“领唱”。每天晚上熄灯后，它都是第一个开始鸣叫，随后群蛙和之。我不知道，这种蛙哪里来得如此强的音乐兴趣，一直到现在，不论春夏秋冬，它都不改晚上鸣叫的习惯。今年开春前，我想给它找一个配偶，缓解它郁闷的情歌。但转了许多市场，却没有找到有这个品种出售。于是，我的大眼树蛙在晚上越发地狂叫起来，深夜甚至能吵醒我。

大眼树蛙的叫声分为两种，一是“噶——噶——噶”短促的单一频率，这是在驱逐其他同类，在没有其他同类的情况下，也用于驱赶其他蛙。一开始，我让大眼树蛙和斑腿泛树蛙同住一盒，大眼树蛙就每天生气地噶噶叫，即使白天，它也照样叫，声音非常大。有些朋友到我家做客，突然听到大眼的叫声会吓一跳，感觉十分恐怖。还有一种叫声音是“咯咯咯……噶”，前面“咯”的部分是渐快渐强的，一般连续 7 ～ 12 个。后面一声“噶”是整个叫声音的高潮，应当能达到 ha C。这便是求偶了。一次，我的大眼树蛙就这样地叫了一上午，我好奇地拿过饲养盒子看了下，才知道，它抱上了一只泛树蛙，正在拼命地示爱。泛树蛙拼命窜动，意欲逃脱，但大眼树蛙抱得格外紧。直到下午，它才觉得无趣，而重新回到盒壁上睡觉。

你肯定会发现，大眼树蛙是很容易适应人工环境的动物。不错，在我将其刚买回家后，它就开始大叫了。而且只要丢蟋蟀到饲养盒里，大眼树蛙就一窜咬住，大吃起来。随着用小环境的饲养，大眼树蛙似乎会变得有些痴乜。我经常在投喂其他两栖动物后，随手往大眼树蛙的盒子里放几只蟋蟀。起初，蟋蟀在第二天早上就都没了，至少也要少掉多一半。随着饲养时间的流逝，投到盒子里的蟋蟀在次日早上变少的数量开始减少，最后一只也不少了。在去年的冬天里，一些蟋蟀足足在大眼树蛙的盒子里生活了近一个月，靠吃蛙的粪便过活，粪便没有了，它们就一直活到饿死。我没有重视这个问题，以为是温度低大眼树蛙开始停食冬眠了。但直到开春温度升到20℃以上了，大眼树蛙开始每天都叫，但仍然不吃东西。它日益消瘦下来，叫声似乎也低沉了很多。我想我必须做些什么了，不然这只蛙就会离我而去，我在一个冬天里失去了5只蛙，它们都是因为冬眠的时候，我忘记了向盒子内喷水而干死的。大眼树蛙其实并没有冬眠，整个冬天我都能听到它断断续续的鸣叫。

我打开盒子，将大眼树蛙从盒壁上拿下来，检查它身体时候发现有红肿感染，它的皮肤和口腔都很健康，为什么不吃东西呢？我将其放回盒子里，它趴在吸水海绵上，瞪大了眼睛，因为消瘦，眼睛看上去比从前更大了。我丢了几个蟋蟀进去，刚要把盒子放回原处，大眼树蛙就在我眼皮底下一口吞了一只蟋蟀。它显然饿坏了，囫囵地吞了一只后又去捕捉另一只，不到5分钟，它吃了3只蟋蟀。看到这个场面，我觉得我之前是多虑了，大眼树蛙的确很健康。

随后的几周，它又不吃东西了，盒子里的蟋蟀一只也不再少。我再次把它拿出来检查，放回去后，丢入蟋蟀，它再次在我眼皮底下狼吞虎咽。我终于明白了，这家伙“傻”了。只要你不挪动它，它就在盒壁上一直趴着，不论是鸣叫还是排泄都不挪动一寸。对于在盒子下面爬行的蟋蟀，它根本就不曾察觉。我的大眼树蛙在人工饲养环境下失去了觅食这项所有动物都应当有的基本技能，它只是每天等我喂它。这是对我的信任，还是对我的讽刺呢？想一想，应当归咎于饲养环境的狭小和单独离群的饲养。

事后，我将两只斑腿泛树蛙放到盒子里和大眼树蛙一起饲养，它们原本是住在一起的，去年秋天的时候，由于大眼树蛙总向那两只无辜的雄性斑腿泛树蛙“耍流氓”，我才将它们分开。现在它们终于又住在一起了。每天晚上，大眼树蛙的鸣叫声又大了起来，或气愤或求爱，似乎忙得不可开交。我必须多向盒子里投放蟋蟀，因为斑腿泛树蛙要比大眼树蛙能吃，捕食能力也强得多。没过多久，我终于能看到大眼树蛙在盒子里到处蹦了，跟随着两只泛树蛙一起捕捉蟋蟀吃。

难道两栖动物也会患抑郁症，那绝对不可能，它们的神经系统没有进化得那么高级。应当是群居动物在过久离群后的一种行为反应，这可能是一个值得研究的课题，我没有研究下去的经费支持，也不知道把这个奥秘研究清楚了除能养好大眼树蛙外，还能做些什么。但这种现象，在小雨蛙、大树蛙等群居蛙类身上也出现过，把它公之于众，对饲养两栖动物的爱好者是有好处的。

东方铃蟾

绝大多数两栖动物是夜行性的，因此它们一直不能成为观赏动物的主流，谁情愿只有每天夜里举着小手电，才能欣赏你的宠物呢？因此，昼行性的两栖动物在观赏动物领域里格外珍贵，比如价格高昂、难于进口的箭毒蛙。幸运的是，就在我们身边，在中国北方的许多山林地区生活着一种还算漂亮的小型蟾蜍。大自然莫名其妙地给了它白天活动的习性，它们便能在充分享受明媚阳光的同时，给我们的两栖饲养箱带来无限的生机。这就是东方铃蟾，一种红肚皮绿背的小“怪物”。

英文名 oriental fire bellied toad，形象地说明了这是一种有火焰一样肚皮的蟾蜍。当然，红肚子的两栖动物有很多，许多蝾螈都是这样长的，那是一种警告色，告诉大家“我有毒”，别的没什么奇怪的。东方铃蟾红色的肚皮上面具有有毒的黏液，受到惊吓有时也会翻转身体肚皮朝上恐吓敌人。这种黏液对人的皮肤没有威胁。我的一位吉林籍朝鲜族朋友曾经告诉我说：“如果将铃蟾的红肚皮往眼睛上一抹，眼睛就会失明。”我虽然半信半疑，也从未敢于实验过，而且闻后便每逢摸过铃蟾，必先洗手再做它事。

之所以被称为铃蟾，是因为传说它们在发情季节能发出清脆的铃音般鸣叫。我饲养了很多年却从未听到过，只是有的时候会有噶噶地微弱低沉叫声。我于是总觉得名不副实，或是饲养方法一直有问题。当然，铃蟾也从未在我的饲养箱中繁殖过，大概是需要大温差的季节变化刺激才可发情，而我的饲养箱又如何制造冰天雪地的高山之冬呢？幼年的东方铃蟾背部是褐色的，身上有黑色斑点，仔细观察皮肤布满瘤状突起，这便是其防御天敌的腺体。遇到攻击时候和其他蟾蜍一样可以分泌出微毒且难闻的液体，以耳腺后方分泌最多。成年的铃蟾身体背部是绿色的，配以红色肚皮黑色花纹，色彩鲜明，非常好看。不过，要是从幼年就在人工环境下饲养，即使成年也很难蜕变成为绿色，大概还是和气候影响有关系吧。

最大的铃蟾不过 5 厘米，所以只能算小型的观赏两栖类。它们非常适合搭配在两栖生态缸中，原因一是其不爱挖掘，不容易毁坏造景；二是它们较其他两栖类更愿意运动，经常可以在茂密的植物丛中蹦来爬去。饲养铃蟾的

在饲养箱里到处探索的东方铃蟾幼体

虽然不是树蛙，但东方铃蟾的攀爬能力非常高。在陡峭的玻璃壁上如同蜘蛛侠一样还去自如

生态缸最好在40厘米×30厘米×30厘米以上，若饲养10只一群，则更应该不小于60厘米×45厘米×40厘米。这样可以让它们有更多的活动空间，也易于景致的设计。一般情况下，要有陆地和水池两个区域，陆地应该是水池的2～3倍。它们多半时间是在陆地上活动的，但吃饱后往往喜欢泡个澡。底材用花卉土、陶粒、水族沙等都可以，因为它们皮肤黏液保护较好，所以不容易造成细菌感染。底材的选择应该更重视植物的生长需要和必要的透气性，上面最好铺设活的鲜绿的苔藓，这样既符合高山林地的造景特征，又可以降低蛙类尿液对底材的污染。更重要的是：如果让铃蟾长时间生活在褐色的死水苔或黑色的土层上，时间久了，即便最碧绿的个体也会变成黑褐色，失去观赏价值。不光铃蟾，大多两栖动物都会根据环境而改变颜色，所以要让它们有更艳丽的色彩，必须有美丽和谐的景观。植物可以选择北方林区的蕨类和草本植物，也要适当点缀藤蔓类。兔脚蕨、地柏、兰科植物以及小叶常春藤都很好。实在找不到时，种植些绿萝也可增加绿色美感。在小水池中也要有一些如金鱼藻类的水生植物。铃蟾是昼行两栖类，因此不必将灯光调整得过暗，只用考虑植物生长的问题就可以了。在其中还要设立一些躲避所，如半根朽木、几块岩石等。水池要有一个相对平缓的岸坡，方便它们爬上爬下。铃蟾有时甚至是好动的，会探索饲养箱的每一个角落，因而饲养箱绝不能有

大的漏洞。不论饲养箱多高也必须加盖子，即使它们跳跃不出，也会沿着两面玻璃壁的夹角像蜘蛛侠一样攀上来逃跑。

北方地区只要冬天市内正常供暖，就不用给饲养箱加热了。铃蟾毕竟是长白山里来的朋友，不甚怕冷。倒是炎热的夏天让它们难以忍受。一般铃蟾可以适应 15 ～ 25℃的温度，偶尔高到 26 ～ 27℃一两天也无大碍。一但温度超过 28℃，便开始死亡了。故，夏天必须考虑降温。可以用小型排风扇加速饲养箱内外的空气流通，增大蒸发量来降温；也可以在室内开空调来均衡温度。不管怎样，饲养箱必须有多个通风口，过于闷热，不但可以杀死铃蟾还会让苔藓腐烂，破坏生态系统。由于铃蟾喜欢游泳，因此，即使湿度低一些，只要水池不干涸，仍然可以在池中躲避干旱。原则上，只要苔藓不干死，对湿度无过苛刻的要求。

铃蟾最喜欢吃小蚂蚱和蚱蜢，饲养者若不是时间充裕得很，是不能长期捕来的。成年的蟋蟀对于它们的嘴来说太大，无法吃下。因此，要用面包虫代替。铃蟾的消化系统很好，能够对付面包虫坚实的外皮。用一个浅盘子盛上一些黄粉虫，放在饲养箱内，它们就会自己来吃。铃蟾进食很贪婪，每只一次可以吃掉 10 余条面包虫，而且每天都可以进餐。但不要由其性子“海塞”，黄粉虫蛋白质含量很高，会导致严重肥胖。其实，自然界中的铃蟾并不是每日都能获得猎物，所以人工环境下每周喂 3 次，每次每只铃蟾 2 ～ 3 条虫子就可以了。每 2 周在面包虫上添加一次钙和维生素，如果有时间，建议在春末夏初为其采集一些小型昆虫作为营养的均衡补充。秋冬交季未供暖前，室温低于 18℃可以停止喂食。一两个月的绝食不但不会饿死，反而对它们身体健康和颜色保持有益。

除了能把它吃掉的品种，铃蟾可以和任何其他蛙类、蟾蜍、蝾螈共养在一起。不过，死后的铃蟾，其体表毒素会污染水质，如果发现不适的或死亡的个体要立即隔离或取出。有的时候，铃蟾的表现是很卡通的，它的头可以抬高，也会低头，而且看到食物的时候总是全神贯注的。我饲养的一群中多半喜欢吃饱了便到水池里泡澡，也不游泳，只是泡在水里。在介绍铃蟾自然习性的书籍里并无提及此项，我想定是在人工优越环境下的个体们，学会了进一步享受生活。

小雨蛙

相信所有逛过观赏鱼和宠物市场的人，都在春末时节看到过商贩出售一种绿色的小树蛙，在大城市里，这些小蛙会成百上千地被放在一个塑料箱子里，大概5元钱一只，任凭猎奇特的过客们挑选。这就是小雨蛙，一种非常普遍，却又极其不被重视的小型两栖动物。

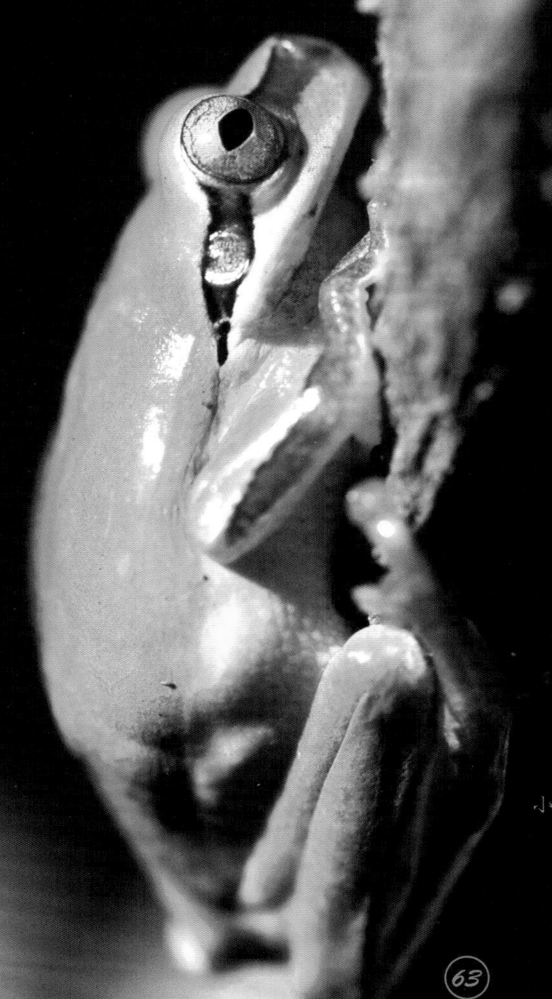

小雨蛙喜欢在藤条上攀爬、休息

给新来的小雨蛙创造一个类似大自然的环境，是养活它们的关键

在商贩运输小雨蛙的塑料箱子里会放置许多的白菜叶，这是为了给这些小动物提供需要的湿度，而且不会让箱子底部有积水。当箱子的盖子被打开的时候，总会先吸引来一群小孩子，它们问着：“叔叔，这小蛙多少钱一只啊？”商贩回答“5 元”。“它们吃什么呢？”孩子们再问。“菜叶”叔叔不经意地回答着。于是，被买走的小雨蛙就进入了它们生命的最后阶段，在之后的几天或几周里，如果它们不因为缺水而干死，那就是被饿死。商贩根本不在乎这种小动物的生命，因为它们似乎在山林里取之不尽，所谓的那 5 元钱，其中只含有很低的捕捉人工费，剩下的大部分是利润。虽然很便宜，但卖上一夏天也能赚一笔，而且不会有人因为买回家的廉价小树蛙死掉了回来找他的麻烦。在行贩和一些饲养者的心里，这种小蛙根本就是不可能在人工环境下养活的动物。它们如同花店里的切花玫瑰，欣赏两天就可以扔掉了。

多可怜啊，这些无辜而美好的生命，而且它们是消灭害虫的能手。事实并不如商贩和小孩子想象的那样，只要掌握方法，小雨蛙不但能在人工环境下生活得很好，还能顺利地繁衍后代。

刚接触小雨蛙的人，最棘手的问题就是它们不吃东西。我指的是喂给正常的食物，如小昆虫或蠕虫。假如你用白菜叶喂，任何两栖动物都是不吃的。

在前面我已经说过了，两栖动物都是纯粹的食肉动物。要想让小雨蛙吃东西，必须要先提供一个让它们放松的环境。这些小东西，在被捕捉、运输和“游街示众”的过程中被吓坏了，很多都处于非常紧张的状态。它们恐惧地拥挤在一个角落里，互相往对方的肚子下面钻，生怕自己被落在最外面。在这样的紧张环境下，换了谁，也是不会吃东西的，即使是山珍海味，又怎样呢？它们已经心如死灰，对生存不报什么希望了。如果你再将刚买回的小雨蛙饲养在一个四壁通透的小塑料饲养盒子里，那就更不能让它们开口吃东西了，它们通过薄薄的塑料“墙壁”四处都可以看到恐惧的大手和眼睛，加剧了紧张的情绪。通常，我们都是这样养小雨蛙的，在购买蛙的同时在商贩那里花 5 元钱再买一个 20 厘米大小的简陋饲养盒，于是那盒子最终成了蛙的棺材。

小雨蛙爬在玻璃上，然后就把粪便留在那里，于是饲养雨蛙的箱子总是那么脏

要想让小雨蛙尽快适应人工环境，必须先制造一个和它们的野生环境类似的小环境。这个其实并不复杂，可以根据自己的实际情况来制作。有条件的人可以制作一个大型的美丽的两栖生态饲养箱子，条件受到局限的朋友也有很好的办法，在一个长度和宽度都不小于 30 厘米、高度在 40 厘米以上的玻璃饲养箱里，放置一盆宽叶植物就足可以让小雨蛙有宾至如归的感觉。万年青、马蹄莲、绿萝都可以，实在没有，到街边的杨树上扯一节带有叶子的树杈泡在一个小花瓶里也能维持几天。小雨蛙喜欢成群地趴在叶子背面，一动不动地度过白天。在最初的几天不要去惊扰它们，宽叶植物是它们最好的减压工具。顺便说一下，雨蛙喜欢群居，最好不要只饲养一只，一次饲养 5 只以上，能大大提高它们的成活率。

白天，它们就在宽叶片的背面睡觉，晚上到来的时候，小雨蛙就开始运动了。起初几天，它们在晚上的主要工作是考虑怎样逃跑，通过第二天早上饲养箱各处留下的蛙足痕迹，你可以知道，它们在晚上探索了饲养箱的每一个角落，甚至将种植物的花盆里的土都翻开表层看了。但是，太阳一出来，它们就又回到叶子背面，若无其事地睡大觉去了。在熟悉环境 3 天以后，它们在晚上就能

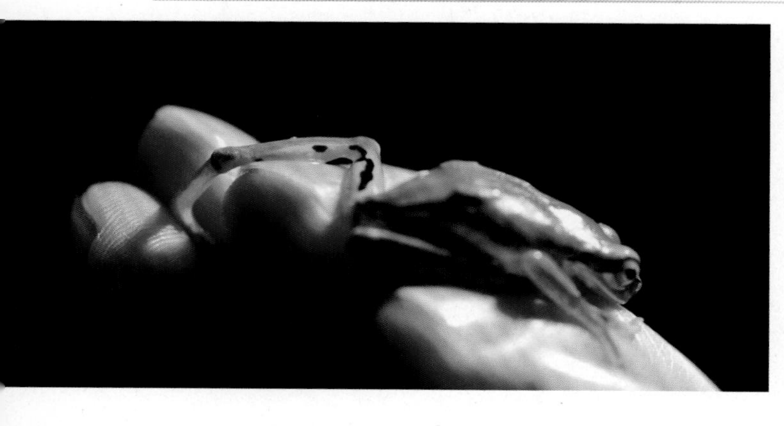

华西雨蛙的腿上有黄黑色的斑纹

很放松了，尤其是你沉睡以后，它们开始觅食了。谁也禁不住饿，蛙也一样，生气和害怕的时候不知道饿，一旦情绪稳定了，肚子就咕咕叫了。可以在饲养箱子里扔几只针头蟋蟀，你早上起来就会发现蟋蟀不见了，小雨蛙依然若无其事地在叶子背面睡觉，甚至没有改变头一天它们睡觉的位置和姿势。你可以轻声地跟它们说：别装了，青蛙，我知道你们已经不绝食了。当然，它们肯定听不懂。

接下来的日子，只要你有耐心，小雨蛙就会逐渐适应人工饲养环境，大概让它们熟悉一个月左右的时间，晚上就能听到雄性高昂的鸣叫了。在传统相声中，有一段叫"蛤蟆鼓"，说的是蛤蟆虽然小，叫声却十分大。这一点在小雨蛙身上能得到非常明显的验证，这些只有 3 厘米大小的小精灵所发出的叫声可以传播到方圆几百平方米的空间里。小雨蛙的叫声十分高亢激昂，雄性各个是男高音。嘎嘎嘎嘎……非常急促，同时它们的脖子下面会鼓起一个半透明的泡，比自己的脑袋还大。有的时候，我会被夜间它们的鸣叫吵醒，我想我的邻居也可能一直在奇怪为什么深夜能传来这种古怪的声音。因为，我体验过，当我房中的小雨蛙鸣叫的时候，整个楼道都能听得清清楚楚。

当小雨蛙完全适应了人工环境后，它们就变得十分贪食，大反一开始羞涩紧迫的样子。它们不仅仅只在夜间捕捉食物，白天也会向你扔到饲养箱里的蟋蟀发动进攻，如果你坚持用镊子夹着昆虫送到它们嘴边喂食，饲养几个月后，它们甚至可以站在你的手上吃东西，对你丝毫没有什么恐惧感了。适应环境以后，小雨蛙的食物也宽泛起来，包括所有体长小于 1 厘米的昆虫和蠕虫，它们都吃。当然，在我饲养小雨蛙的过程中，一旦它们适应了环境就再也得不到针头蟋蟀了，因为这种活饵价格昂贵，不容易获得，更难保存，只是用来短期救命的。面包虫是很好的选择，价廉物美，但要选择长度小于 2 厘米的，若太大的，小雨蛙吃不下去。夏天的时候，可以把小雨蛙放在用网眼小于 0.5 厘米的笼子里在户外饲养，尤其是种植有许多植物的地方。那里有丰富的小飞虫子，蚊子、苍蝇、纳蚊、果蝇都是它们很喜欢的食物，偶尔飞入一只小飞蛾，那便是小雨蛙最可口的点心了。你还能看到这种小蛙捕食的时候是多么的野性和疯狂，它们在一个支撑物上弹跳而起，准确地咬住飞行中的昆虫，然后也不管自己落在哪里，就忙着吞咽。有的时候，因为着陆点不合适，它们很可能是一条腿悬挂在一个树枝上，悬空地吞咽猎物。

说到这里，我应当为小雨蛙验明正身了，实际上我说的小雨蛙并不单指一种动物，包括了中国雨蛙、华南雨蛙、华西雨蛙、东北雨蛙还可能包括日本雨蛙。因为它们长的实在太像了，而且过于廉价，所以很少有人刻意地去分辨。细心的人会发现，有些个体身上两侧有黑色的斑纹，那就是东北雨蛙。如果你看到后腿内侧和下腹部外侧有黄色色块并搀杂有黑色斑点的，则是华西雨蛙。华西雨蛙还分为川西亚种和腾冲亚种，腾冲亚种从口穿过眼到身体两侧原本应当是黑色的条纹，呈现咖啡色，并且有如蟾蜍一样的瘰粒。有人也叫它们华西树蟾。身体比其他品种瘦长，没有任何斑点的是华南雨蛙。中国雨蛙则在黄色的大腿内侧没有黑色斑点。还有无斑雨蛙、三港雨蛙、秦岭雨蛙、邵平雨蛙等，分类十分繁琐而复杂。要想分清楚，你必须潜心研究分类学好久才成。实话实说，我也不能完全分清楚，因为有些品种到现在我还是只见过图片。总之，小雨蛙在中国的960万平方公里的土地上广泛分布，据费梁先生所编著《中国两栖动物彩色图鉴》上描述，品种数量很多，种群资源丰富。这也是使这种小动物如此廉价的主要原因之一吧。

北京能见到的多数是东北雨蛙，特别是这几年。因为北京离东北近，而且北京的爬虫商人多数来自东北，所以蛙也自然是东北的多。说起来，东北雨蛙在小雨蛙家族里不能算是好看的，但个体很大，最大的雌性可以长到4厘米。2007年前，我在北京的一些水族宠物市场也见过河南、江苏商贩贩卖华西雨蛙和中国雨蛙，但从来没有见过华南雨蛙，那些品种更漂亮一些。

就东北雨蛙来说，我曾连续饲养了一个7只的小群落长达3年，我给它

小丑蛙树蛙是小雨蛙的国外亲戚，它们的体型和国产雨蛙一样，但具备鲜艳的颜色

小雨蛙在捕食和吞咽时，面部表情看上去有些滑稽

们起名叫“七仙女”，当然，它们并不都是雌性的。它们在我的家中成长、繁育，直到有几只衰老而亡。它们起初住在一个种植有许多蕨类植物和天胡葵的大饲养箱里，就如同开头我写的那样，为了让它们适应环境吃东西。之后，因为家中两栖动物过多，比较名贵的品种占据了这个豪宅，它们只能拥挤地居住在一个长度20厘米的小饲养盒里，每天通过垫在底下的海绵得到水分，而且在饲养盒里没有任何树枝、植物等攀附物。就在那样的环境中，它们仍然每天大吃大喝、高亢地鸣叫，快乐地到处乱跳，每天吃完都会在饲养盒壁上留下几十粒如老鼠屎一样的粪便。直到有一天，我开始决定尝试繁殖小树蛙，它们才又搬回生态饲养箱里。饲养箱底部没有放任何垫材，而是一汪清水，我想它们会在里面产卵的，但先要解决冬眠的问题。对于大多数分布在温带和寒带的两栖动物来说，四季变化是刺激它们生殖的唯一办法，在恒温的环境下，它们各个是中性的。

我终于迎来了想繁育小雨蛙的第一个冬天，我将所有的小雨蛙放到一个添满苔藓的饲养盒里，它们似乎明白了我的用意，很快就都钻到苔藓堆里躲藏起来。不过11月的阳台还是不够冷，再加上房东在阳台安了一片小暖气，所以气温仍然能达到10℃。这样显然不成，它们在晚上仍然从苔藓堆里爬出来，到处觅食。你要是喂，它们还真吃。其他蛙类在10℃一般就不进食了，看来东北的物种就是抗冻啊。

直到1月，阳台的温度才随着几阵大风降到了5℃左右，这时候，它们不再乱动了，都踏踏实实地在苔藓里睡觉。第二年3月初，北京的气温还是很凛冽的时候，它们就自动出蛰了。同时在阳台冬眠的美国斑背树蛙和斑腿泛树蛙都还没有任何响动呢。我还不能把它们放回饲养箱，因为房屋内的暖气和饲养箱封闭的环境，让它内部有25℃高，我在冬天用这个环境来保护怕冷的蝴蝶兰。这样，小雨蛙就在阳台上一直呆到3月15日北京停了暖气，房屋内外的温度相差不大了，才回到饲养箱中。回来后，我让它们大吃了一顿，针头蟋蟀。不是那种小到真的如同针头大小的个体，而是更大一些，大概有0.5厘米大小的蟋蟀苗，因为冬天的北京也很难买到特小的针头蟋蟀。之后的每天晚上，我都等待雄性小雨蛙高亢地鸣叫，我好知道它们是否发情。但直到4月中旬，也没有任何响动，我的心凉了，这次繁育工作很可能失败了。也许是因为去年夏天我喂的太多了，或者是冬眠的温度不够低，再或是出蛰后温度提升得太快了？我彷徨着。到了4月底，我终于听到了期待已久的蛙鸣。随后，五一假期的一个早晨，我在饲养箱一个角落的水中发现了一些卵，大概有30个左右。我可算等到这一天了，而且我看到还有两只雄性正抱着雌性在天胡荽丛中“恋爱”。它们由于鸣叫鼓起的大下巴，现在仍然没有完全收缩回去。

一周后，卵变成了蝌蚪，我把它们捞出来放在一个小盆中饲养。这样，我每天下班后都要去趟附近的观赏鱼市场，为小蝌蚪购买鲜活的鱼虫（水蚤）。这期间，家中的金鱼可高兴了，富余的鱼虫都给了它们，要知道，如果没有小蝌蚪要养，我才懒得用得来这么麻烦的活食儿喂养它们呢。不久，蝌蚪出现了后腿和前腿，大概10天头儿上，它们除了尾巴，其余的部分都很像一只树蛙了，当时的水温是23℃。我怕它们爬出来跑掉，就改用带盖子的塑料饲养盒饲养。挪到盒子里一周后，它们就陆续从水中爬到塑料壁上了。雨蛙带有吸附性的爪子，看来是天生就很管用的。

当小雨蛙登陆后，我终于不用每天去观赏鱼市场给它们买鱼虫了，但最大的麻烦来了。我用什么喂它们呢？显然，一旦两栖动物登陆成功，它们就再也不吃水中的鱼虫了。而，它们还很小，只有几毫米，针头蟋蟀它们是吃不下去的。能想到的饵料除了果蝇几乎没有合适的，我去哪里弄果蝇呢？你会说，水果摊上不是有的是吗？那是，不过你给我逮20个活的看看，那太难了。我开始收集香蕉皮和烂葡萄在家中繁殖果蝇，那是一个非常波折的经历，我将会在后面饵料一章中讲到。总之，当我终于繁育出了果蝇，最后一只新生的小雨蛙也饿死了。虽然成年的两栖动物可以长达几个月不吃东西，但刚登陆幼体的抗饥饿能力很差。之后，我再也没有繁育过小雨蛙，因为工作的关系，没有腾出足够的时间。第二年，它们也不再鸣叫了，可能是老了。这种动物的寿命大概只有3～4年，虽然在没有天敌的人工环境下可以活更长时间，但老迈的雨蛙不会再进行繁育了。

最后要说，我觉得小雨蛙还是适应能力非常强的，至少对温度的适应幅度很宽。冬天冬眠的时候是5℃，炎热的夏天，我不在家中而不开空调的时候，饲养箱内在照明灯的照射下，温度上升到35℃，它们依然活得很快乐。也许就是因为这种超强的适应能力，让它们成为了数量极多、分布极广的动物。

火蝾螈

在古老的欧洲神话中，有一种动物可以在火焰中生活，像凤凰一样涅槃，那便是 Salamander（火蝾螈）。据说，古希腊和罗马人认为生活在它们周边寒冷山区的蝾螈所分泌的黏液可以隔离热源，使这种动物不畏惧火焰的焚烧。所以给它们起名叫沙罗曼蛇（Salamander 意思是可以生活在火中的大蜥蜴）。到了中世纪后的文艺复兴时期，火蝾螈的传说在欧洲广为流传，人们相信沙罗曼蛇能在火中生活，呼吸火焰，甚至把火焰当作食物，它们还可以用火焰烧掉旧皮，再生出新皮。在文艺复兴时期的绘画里，火蝾螈多被描绘成盘踞在火焰中的大蜥蜴或龙。12 世纪欧洲的一些文字资料甚至完整地记载了关于沙罗曼蛇的传说，里面说沙罗曼蛇在火中生活，以不会燃烧的丝结成茧，用这种茧中抽出的丝纺织成的衣服在清洗时不能用水，必须将其放到火中烧尽上面的污物，如果用水来清洗的话，这种衣服就会化成一团黏液。由于火蝾螈在遇水的时候的确可以分泌很多黏液，所以当时人们对这些神话深信不疑。人们认为沙罗曼蛇就是自然四元素中的火元素精灵。甚至，当欧洲人看到马可·波罗游记中记载了在中国看到的石棉矿时，西方人不相信中国出产石棉，认为这种防火材料是用沙罗曼蛇的茧抽丝后编织而成的。很长一段时间，石棉制品在欧洲都被当作蝾螈皮销售，直到现在，美语中的“Salamander”还有耐火保险箱的意思。

传说中可以浴火重生的沙龙曼蛇，就是广泛分布在欧洲大陆的火蝾螈

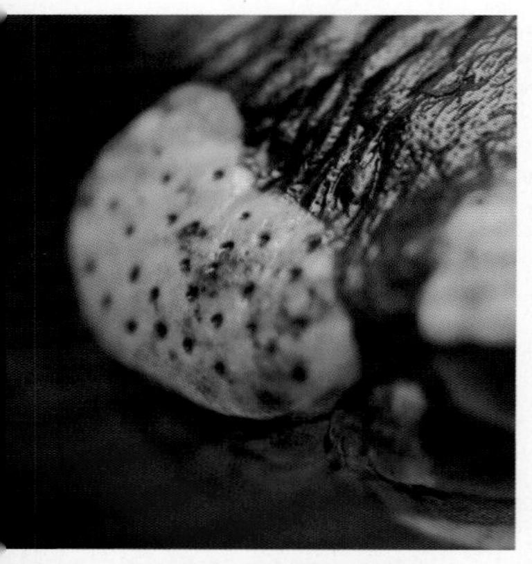

上图：火蝾螈双眼后侧和背脊两侧都有毒腺，如受到威胁会分泌出牛奶状的毒液与蟾蜍的毒液类似，毒性不强不会造成损害，但是如果进入眼睛会导致暂时失明，所以移动它们时最好戴手套，而且之后一定要洗手

下图：多数时间火蝾螈喜欢躲藏在隐秘处，静静地等待食物的到来

我是在海洋馆从事科普教育工作期间知道这些传说的，是一个老师在给孩子们讲两栖动物的时候，无意中谈及的。于是，我就对这种蝾螈非常的向往，似乎多数有一点儿传说来头的动物都会让我很好奇，很想了解个究竟。但是，在那段时间里，我只能通过外文网站了解这种动物，欣赏它们的图片，国内根本是见不到活体的，直到 2003 ～ 2004 年的时候。我一直想饲养一条或几条火蝾螈，并不是为了观察它们在烈焰中畅游的壮观表现，因为我根本不信有不怕火的动物，更吸引我的是它们明快而美丽的保护色。它们有在光华黑色基底上呈现出许多明黄色不规则图案的皮肤，就连小学生都知道，黑色和黄色的搭配代表了“我有毒”的警告。自然界中类似的情况非常多，比如黄蜂、狐狸鱼和许多蝴蝶的幼虫也用同样的方式告诉大家“我是一种危险动物”。两栖动物中用黄黑相间的颜色来警告他人的还有巴拿马金蟾和黄带箭毒蛙等，然而，我觉得没有什么动物比火蝾螈的黄黑色外表更华丽，因为它的皮肤还会在光线下泛出淡蓝或绿色的光泽，如同时尚的法拉利跑车。火蝾螈的体形似乎与这种色调搭配得相得益彰，给人恰到好处的美感。总之，也许不是所有人都认可我的偏好，可火蝾螈的确是我最喜欢的蝾螈品种。

回到那个神话，为什么这种喜欢阴冷潮湿的动物，人们却把它与火联想到了一起呢，把它们当作火的精灵？真实的故事可能是这样的，火蝾螈分布在欧洲、西亚和北非，早先在西欧和中欧的丛林中有大量分布，它们会充分享受地中海气候给它们带来的凉爽而湿润的夏天，到了冬天则躲进树洞和枯树皮中蛰伏起来。当欧洲的大雪覆盖了森林后，它们就在 0 ～ 4℃的雪层下呼呼入睡，这种抗寒能力，别说是冷血动物，就是体温恒定的哺乳动物也很难媲美。在积雪下面的枯树皮、树枝中，它们一动不动。这个时候，人和火蝾螈最容易巧遇，为了取暖，人们来到森林中拨开积雪，捡拾干柴。不经意间将躲藏在枯枝中睡觉的火蝾螈带回了家，在整个搬运过程中，蝾螈仍然一动不动，因为它们的体温和寒冷的空气一样，而这种温度无法提供它们运动的热量。人们把木柴拿回家，扔入壁炉中，熊熊烈火马上让木柴的温度升高，同时唤醒了沉睡的火蝾螈，赐予它们供应运动的热量。于是蝾螈奋力从火中一跃而出，要知道，火蝾螈的身体弹性很强，在极度肌肉收缩后，它们可以将自己像弹簧一样射出去。坐在壁炉边取暖的人被突然从火中跃出的小动物吓了一跳，不知道它从何而来。也有人在多次拾柴过程中发现或隐匿在树枝中的蝾螈，但只要是在户外，任凭怎样摆弄它们，蝾螈就是一动不动。人们多数认为这是已冻死的动物，但只要靠近壁炉，它们就马上恢复活力，到处乱爬。那个时候，在壁炉或家中火堆旁出现的火蝾螈可能很多，比如：拜恩文乌托·塞里尼就曾经有一段关于火蝾螈的叙述："当时我才五岁，那天父亲正在一间屋里冲洗房间，这间屋里有一堆燃烧的橡木，父亲在火堆中看到了一只类似蜥蜴的小动物，据说这种动物即便在最热的地方也能存活下去。父亲立刻把我和妹妹叫过去，指给我们看。突然，父亲打了我一记耳光，我不知所措地哭了起来，父亲把我搂在怀里，安慰我说：'亲爱的孩子，我打你并非因为你犯了什么错误，而是为了让你记住你在火里看到的这个小动物，它就是沙罗曼蛇。'"在中世纪的欧洲，还没有对变温动物冬眠的科学理解，更不懂得热量与能量的转换。因此，人们都认为冻死后的蝾螈能浴火重生，甚至认为它们是火元素的精灵。关于这个传说是否真实，我并不完全肯定，因为我都是听别人讲的，并没有真正完整地查阅到过相关的历史资料。可以肯定的是，火蝾螈名字的来历的确和这种动物浴火重生的故事有关。

不管传说如何，火蝾螈在分类学上还被认为是蝾螈的正宗。它们的学名 *Salamander salamander*（真螈）已经完全说明了这一点。我分析当年学者为蝾螈定名时，可能考虑到了陆生与水生的问题，它们可能认为只有完全陆生的四爪有尾两栖类才能称为蝾螈，而水生和半水生的品种只能称为 Newt。要区分蝾螈是否完全陆生，根本在于区分它们的爪子和尾巴的不同，完全陆栖的蝾螈尾巴是棒状的，各脚趾间没有蹼相连。而水生的品种需要脚蹼，在它们游

火蝾螈的栖息地是布满落叶和朽木的欧洲林地。因此它们比别的蝾螈更耐干旱和寒冷（图片由网友 Peter 提供）

和波拿巴同居后，怀孕的小母螈

泳的时候起到舵的作用，强大而垂直扁平的尾巴是在水中的一个强劲推进器。即使是半水生的蝾螈也需要这个推进器，帮助它们在繁殖时高速追上配偶，虽然它们不再长出蹼。火蝾螈的外表形态是蝾螈家族中为数不多符合完全陆生特征的品种，再加上它们是欧洲土生土长的品种，最早被当时的分类学家所认识，因此摘得了蝾螈家族正统的桂冠。

在火蝾螈身上有许多颠覆其他两栖动物的特点，比如陆栖、喜干、耐寒和胎生（卵胎生）等。

大多数人认为，两栖动物必须畔水而居，即使是完全陆生的品种也要居住在河湖沼泽的周围，时不常地跳到水中游泳。火蝾螈的生活史完全和你想的不一样，它们甚至可能从出生到死去都从来没有见过河、湖、池塘，甚至是小溪流。它们是彻头彻尾的森林动物，和鸟、松鼠、野猪、兔子是邻居，也许一辈子都没见过鱼和青蛙。在大雨洗礼森林后的那几天，火蝾螈可能出生在一个巴掌大的小水坑里，水的深度甚至不能淹没蝾螈妈妈，幼体火蝾螈在森林地面积水完全干枯前，完成到成体的变态，然后就在森林中四处游走了。而且，进入成体阶段后，它们就再不靠近大面积的水，甚至有些厌恶水，每次我把我饲养的火蝾螈放到水盆里洗澡，它们都拼命地挣扎，在长途运输中，如果把火蝾螈泡在水里，它们可能会逆水而亡。比起有水的洼地，它们更喜欢半湿半干的草丛，有湿气的森林落叶底下，铺满苔藓的林间小路。有的时候，火蝾螈还会爬树，在干燥的树皮表面，它们也不会感到不适。火蝾螈很善于爬高，甚至能爬上光滑垂直的玻璃，我将在后面，我饲养的蝾螈逃逸的故事中讲到。如果你把一只火蝾螈完全圈养在有浅水的环境里，它们会感到非常不适，在水中游泳让它们感到十分紧张，而且容易感染皮肤病。有时候，就算饲养箱过于潮湿了一些，这些家伙就可能爬到最高的地方来避免让水浸泡它们的脚趾。

大多数两栖动物生活在热带和亚热带地区，这是因为它们是变温动物，为了能活下去，不能让自己的体温太低。只有少量的两栖动物能斗风傲雪度过严酷的北方冬季。火蝾螈是其中的一种，即使偶尔被暴露在零下4℃左右的环境中，它们也不会有危险。在人工饲养环境下，让它们冬眠最好的办法就是，将其装进有潮湿水苔的盒子里，然后放到冰箱的冷藏室内。当然，如果直接放到零下10℃的冰箱冷冻室里放一天，什么动物都会成为冰棍。科学研究发现，火蝾螈能在0℃的情况下保持自己的体液不被冷冻成冰，这归功于它们体能的一种酵素，这种东西类似汽车的防冻液，而且不用刻意添加，它们血液中本身就带有。

大多数人见过初夏池塘中水草上挂着的那一团团蛙卵，看到过雄蛙怀抱着雌蛙在池塘中一边产卵一边兴奋地呱呱叫。但这种事情不会在火蝾螈的身上发生，它们的繁衍更像我们人类而不是青蛙。当雄螈遇到雌螈，它们相互上下磨蹭。成熟的雄性火蝾螈将精夹产在地上（一个白色类似果冻的东西），雌螈用泄殖口将它吸收到自己体内，它们之间没有交配的过程，更不会如青蛙般兴奋地呱呱叫。卵在雌性体内受精，经过漫长的3～4个月的孕育，雌螈将幼体一个一个地直接产在小水坑里。这种生殖方法叫做卵胎生，之所以不叫胎生，是因为它们没有胎盘，母体并不向肚子里的幼体输送营养。据说在火蝾螈的所有亚种中，对称纹亚种（*S. s. fastuosa*）是真正胎生的，我没有遇到过这个品种，但我希望这是真的。

我从2009年才开始饲养火蝾螈，为了这个梦想，我从2004年就开始准

波拿巴和后来引进的小公螈

生病中的波拿巴

备了，费尽周折，终于找到了进口商。虽然火蝾螈在国外是一种非常普及的两栖宠物，有许多公司在人工繁殖它们。但能进入中国的个体仍然是凤毛麟角。我先后饲养了 5 只火蝾螈，但到写这本书的时候，仍然没有繁殖成功。2011 年 5 月，我的小雌螈怀孕了，我当时知道就要成功了，但一次意外的出差回来，那雌螈却不幸夭折。这让我很悲痛，但无济于事，往往出差是饲养动物这一爱好最大的“敌人”。

我有一只叫“波拿巴”的火蝾螈，已经跟随我 3 年多了，它又肥又壮，是一个生理功能完善的帅小伙儿。之所以我给它取名叫波拿巴，是因为我购买它的时候正在读《拿破仑传》，我清晰地看到运输蝾螈的包装盒上写着“产地：法国·科西加”。那不是拿破仑的老家吗？我想，我以后就叫你波拿巴好了，用来纪念这位了不起的皇帝。并不是所有我养过的两栖动物都有自己的名字，但波拿巴是个例外。虽然它听不懂我说的话，但我仍然这样叫它。波拿巴和我一起上过电视，是蝾螈家族的明星。那是北京电视台的一个栏目要做关于另类宠物的一期节目，我的一个朋友约我一起去。我记得在那个节目里同主人一起亮相的动物有一只叫小乔的鬣蜥，还有叫美人的蟒蛇，还有叫阿福的乌龟。波拿巴是这些动物中个体最小的，但我们的名字是最伟岸的。节目结束时，女主持人要求手持波拿巴向镜头前的观众告别，当时我不希望她抓我的蝾螈，但顾虑到朋友面子，还是将这小家伙交给了她。女主持人的手就算是迎风几米外也能闻到脂粉的香味，现代女性特别是职业女性，为了美丽，不惜将自己的脸和手涂满有毒有害的化学物质，以保持短暂的白皙与光润。我看到波拿巴在女主持人香喷喷的手上拼命挣扎，我知道这下坏了，因为两栖动物的皮肤具有很强的吸收能力，

我的生活还不是很拮据时，便花120元给波拿巴购买了宽敞舒适的进口“房子”

它们时常靠皮肤来呼吸和饮水。女主持人手上的香粉定被波拿巴吸收了不少，这并不能帮助它美白，我该怎么办呢？

果然，回家不久，波拿巴就病了，身体上一直有一层黑纱一样的皮脱不下来，食欲减退，甚至根本不吃东西，我越发为它的健康担忧，我后悔当时太过好面子了。一定要给波拿巴治好病，这是我当时的决心。实话实说，世界上为两栖动物治疗疾病的药和资料都是最少的，我当时唯一的经验就是用100毫升纯净水混合一支庆大霉素的方法为波拿巴浸泡治疗，每天早、晚各换一次药。一周后，并没有好转，我开始绝望。因为，之前已经有几只蝾螈死于这种疾病。我一面为波拿巴治疗一面自言自语地鼓励它：“你一定要坚强地活下去啊，皇帝陛下。你已经伴随了我这么长的时间了，我希望你能健康地永远和我在一起，你对我很重要。你未来的路还很长，你知道吗？在德国的亚历山大•柯尼希博物馆（Museum Alexander Koenig）有一只火蝾螈已经有50多岁了，如果你现在死了，我就再也不饲养两栖动物了。”到现在，我也认为波拿巴是我投入感情最多的一只两栖动物，甚至超过了我家饲养过10年的猫和我母亲十分宠爱的狗。毕竟，波拿巴和我走过很多艰苦的时刻。我刚刚得到波拿巴的时候，只能把它饲养在办公室里。因为当时我的工作波折而沉重，收入也很少，北京的房价又那样的昂贵，我只得租住在一个4平米的地下室内。每日的生活就是上班、加班，然后回家睡觉，大概一天中的14～16个小时我都是在单位度过的，周末也是一样。不光是因为工作压力大的原因，更多是我不喜欢回家，回到那个4平米的地下室里我会很压抑。我用办公室里一个废弃的鱼缸饲养波拿巴，里面铺设了石子和苔藓。当工作有些烦躁了，就坐在鱼缸前看它，看它慢慢地爬动，看它的脖子下面一鼓一瘪。然后让自己安静下，当觉得完全放松了，再回去工作。鱼缸没有盖子，不过很高，我当时认为，这家伙爬不出来，但后来它的逃跑证明我想错了。波拿巴第一次逃跑的时候是冬天，北方的冬天非常干燥，我早上来到办公室发现波拿巴不在鱼缸里后就知道完蛋了，这家伙一定已经干死了。因为，在有暖气的室内，两栖动物如果找不到水源会很快脱水。抱着一丝希望，我还是搬桌挪椅地找了起来，同事们来后，听说波拿巴逃跑了也帮我找，因为波拿巴在办公室里“人缘”一直非常好。直到中午，还是没有找到，我几近绝望。而正当我们要出去吃饭的时候，一个同事在暖气柜的角落里发现了浑身沾满灰尘的波拿巴。我赶快将它拾起，它已经奄奄一息。我将它放到纯净水中泡了很久，它才复苏过来。还有一次，它顶开了我盖在鱼缸上的塑料板跑掉了，至少失踪了20个小时，但随后在沙发下面被发现，同样已经严重脱水，但还是被救了回来。这些经历都让波拿巴成为我的两栖动物里命最大的一个，我认为它能给我带来好运。

后来，我的工作情况好转了，收入也多了起来。于是我为它购置了一个新家，一个HAGEN的大爬虫饲养盒，那个要比原先的鱼缸豪华多了，而且设计合理，非常漂亮。这个进口的家对于波拿巴来说非常舒适，它在这个长50厘米的盒子里和我2010年购买的小母蝾螈相遇，并使其怀孕。当然，它们没有产生结果，是因为我的出差。我的工作性质注定我经常要出差，所以，我总会在临走时把家门钥匙交给最好的朋友，让他替我照料我的两栖动物。其实，两栖动物既饿不死，也不怕短暂的温度波动，最大的问题是北方的干燥气候。如果2天不给饲养盒里喷水，那么饲养盒里的海绵和苔藓就会干燥，超过一周，里面的所有东西就都成干儿了，包括蝾螈本身。我临走的时候，特意把波拿巴的盒子放在一个安静的位置，让它能好好休息。可能因为这个地方太安静了，朋友竟忘了给它喷水。我出差一周回来后，发现其他动物的盒子都湿漉漉的，唯独波拿巴的盒子已经干到了底。我马上将盒子打开，小母蝾螈已经成为了僵尸。而我没有看到波拿巴，我翻开垫在下面的海绵，发现波拿巴蜷缩在底下，身体已经干得如皱纹纸一样。我以为它死了，但当我用手将它拿起来的时候，发现它的喉部一鼓一瘪，还有呼吸，幸运的波拿巴又逃过一劫。后来，我总在想，它是用了多大的力气，具有多么顽强的求生欲望，才钻到海绵底下的呢？

波拿巴是坚强的，你不会死，我知道这点化妆品的污染伤不了你的性命。在使用庆大霉素 15 天后，我停止用药物，把它放在安静而略微干一点儿的环境中静养，每天为它脱皮处点一点儿美诺沙星眼药水，并继续鼓励它。终于一个月后，波拿巴康复了。我不知道是药物的作用，还是它顽强的生命力战胜了疾病。当我看到它再次开始吃蟋蟀的时候，我高兴得差点蹦起来。

波拿巴从体长 10 厘米的时候被我收养，在前半年里生长速度非常快，虽然不如顿口螈类那样吃食凶猛，但它似乎可以充分利用每一份食物。半年就从 10 厘米生长到了 16 厘米。从那时起，它的生长速度开始缓慢，每年开春，生殖腺就膨胀得厉害，但仍然会缓慢生长。现在的波拿巴有 23 厘米左右了，是我最大的一只火蝾螈。

火蝾螈根据地理分布不同有许多亚种，各亚种有不同的颜色，有些是纯黄色的，还有纯黑色的。产于法国的品种是当前国内唯一能引进的，被俗称为“法火”，而由于中国动物进口检疫和相关法律还待完善中，其他亚种的引进不知要等到何年何月。

库尔德斯坦亚种
Salamandra infraimmaculata semenovi

土耳其真螈
Salamandra infraimmaculata infraimmaculata

葡萄牙亚种
Salamander salamander Malkmus

西班牙亚种
Salamander salamander alfredschmidti

黑真螈 *Salamandra lanzai*

六角恐龙

不知从什么时候开始，爱好者们把墨西哥钝口螈称为六角恐龙。我理解这个名字的意思是：这种动物有六个外鳃，就好比是六个犄角，而其四肢形态与捕食方式，和远古时代的爬行动物有些接近，所以就被称呼为恐龙。这是很不科学的一个名字，外鳃并不是角，墨西哥钝口螈也不是爬行动物。但，相对观赏鱼中被称为恐龙的多鳍鱼，还是稍微靠谱了一点儿，毕竟这种动物是有四肢的。

现代科学还无法解释，这种两栖动物为什么终生保持幼体状态。它们和其他两栖动物不一样，不会登陆生活，外鳃伴随它们一生。当然，凡事并不完全绝对，在我饲养的过程中，就有一个个体，最终脱离了幼体形态，登陆生活。显然，这应当是解开六角恐龙变态问题的一个线索。那只转为陆地生活的六角恐龙的体形，看上去几乎和虎螈一模一样，口裂的大小和捕食的方式也十分接近。我查阅了一下六角恐龙的自然分布情况，惊奇地发现它们竟然是濒危动物，野生个体只分布在墨西哥的某个湖中。这又是一个线索，野生虎螈广泛分布在北美东部、南部和中美洲北部。显然，虎螈和六角恐龙的形态接近，不是巧合。也许故事是这样的：早在上亿年前，六角恐龙就是虎螈的一个亚种，也许是因为地壳变化，让它们和其他亚种产生了自然隔离。而地处热带的墨西哥，常年炎热，这种气候是不适合虎螈生活的，它们需要足够的冬季来进行休眠和变态。按照达尔文的学说，物种被自然隔离后，其后代就要面临强烈的自然选择。在一个炎热而缺水的环境下，什么样的蝾螈后代才能适应环境存活下来呢？我想，它们应当是那些终生生活在水中的个

一只偶尔完成向成体变态的个体，眼睛变大，四肢强健起来，看上去很像没有花纹的虎螈

体。如果这个假说成立，那么现在的六角恐龙应当就是远古虎螈的后代，它们在自然选择下，演变成了完全水生的两栖动物。这也解释了其终生具备外鳃的特点，想一想，终生在水中生活，一直保持着外鳃是非常有利的事情，它们既可以呼吸水中的溶解氧，也可以靠皮肤和口腔呼吸大气中的氧气，而且不用在陆地上爬行，不会以为鳃为陆地生活带来麻烦。所以，为什么要退掉它呢？当然，我只是凭空想象出的这个结论，还缺乏大量的事实根据，比如：我并没有去过墨西哥亲身观察野生的六角恐龙，也不曾对虎螈和六角恐龙进行杂交实验。前者是因为个人经费不充足，后者是我的时间不够用。就把这个课题留给有钱有闲的自然爱好者吧。

六角恐龙现在已经是非常普及的观赏两栖动物，在全国任何水族市场都可以廉价地购买到。但是倒退 6 ～ 8 年，它却是一种神秘的名贵动物，因为它的神秘，以致于我在公众海洋馆搞两栖动物展览的时候，都没有敢引进这个物种。

2003 年左右，国内就有零星的六角恐龙在爬虫商店里出售，那时的价格是 800 元一条，对比现在不足 8 元一条的价格，可谓是天壤之别。在那个年代里，六角恐龙刚刚被引进到国内，见过它的人都少，更别谈饲养和繁殖了。人们对这种陌生而昂贵的两栖动物抱有许多的猜测，更有很多人对这种动物的饲养用猜测的方式传播了许多假经验。随着以讹传讹的状态愈演愈烈，很多企图饲养这种动物的人都对其望而却步。什么六角必须用矿泉水来养啦；什么夏天水温一超过 20℃就会死亡啦；什么一旦水质出问题会马上烂鳃啦等。我当时也被吓坏了，不敢在两栖动物展览的动物采购单上填写这种动物，生怕引进后自己养不活它。现在想起来都可笑，在我当时的动物采购单上有火蝾螈、箭毒蛙、蔓蛙，甚至还有超难伺候的马来西亚枯叶蛙，现在用这些动物的饲养难度来衡量六角恐龙，饲养它简直就是学前班的技术。真是，流言

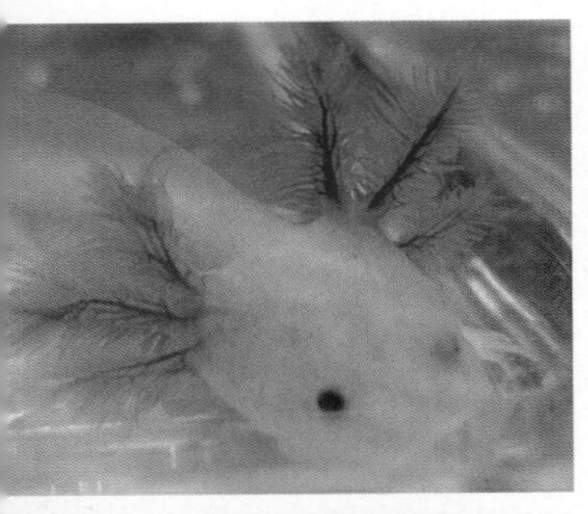

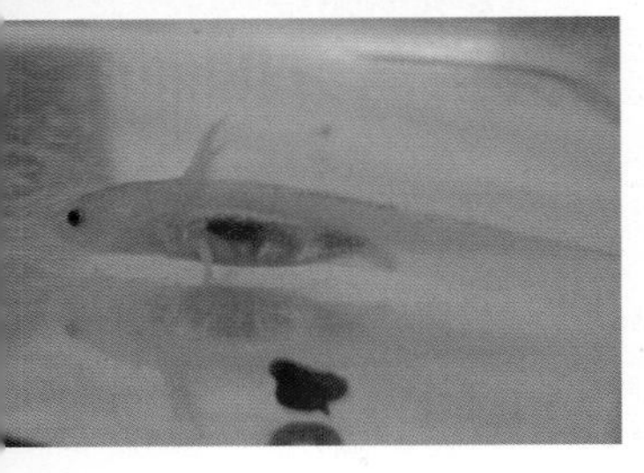

上图：火焰一般的外鳃

中图：腐化中的卵

下图：孵化后一周的幼体

蜚语害死人啊。

当我离开公众水族馆的那一年，六角恐龙的价格已经跌到了大概100元一条，许多爬虫商店里开始出售。我当时对它毫无兴趣，全部精力都放在海洋棘蝶鱼的研究上。一直到前年，我突然发现在水族市场的批发摊位上大量地出现了这种动物，先是80元一条，后又掉到50元，然后是20元、15元、8元，现在似乎5元就可以买一条。六角恐龙“荣登”了价格下跌最快的观赏两栖动物榜首，而这要归功于勤劳而聪慧的天津水族作坊生产者。在我担任《水族世界》杂志编辑期间，曾多次到天津探访那里的小水族生产作坊，它们以家庭为单位，就在家里的小厨房、客厅甚至卫生间里繁殖观赏鱼，只要某种观赏鱼在市场上畅销，天津养殖者就会购买种鱼开始繁殖，不论这种鱼的繁殖有多么困难，它们总能在一年内攻克繁殖大关。这种技术并不是靠看书、上网学习了，而是自己摸索的，不少作坊主很少看书，甚至和外界处于半隔离状态。每年，天津业者都把大量的观赏鱼投放到市场上，它们因此得利。不过利益往往都不长久，因为它们喜欢把所有东西“变”到最多，最后造成市场价格的大幅下跌。

六角恐龙的繁殖对于天津业者来说，简直太容易了。这种蝾螈只需要在自然条件下度过一个冬天，一开春儿，自己就产卵了。它们不是很在意水质，不必像观赏鱼那样安装过滤器；也不挑食，红虫、小鱼、水蚯蚓、田螺，活的，死的都吃；对温度也适应得非常广，冬天不用供暖，水面上如果能结一层薄冰对它们来说是非常有益的，只要水不冻成冰块，它们就能活着，夏天也不用降温，放在阴凉的地方，只要水温不高于35℃就会活得很快乐；至于说有无光照、有无水流，那都是无所谓的事情。这些经验不是我听天津业者讲给我的，而是我亲自养后得到的结论。我在这种动物降到20元一条的时候购买了4条来饲养，饲养的目的就是要完成本书的六角恐龙部分，这是唯一一种我为了写书而饲养的动物。当然，饲养它们后，也让我非常懊恼当时在公众水族馆搞展览的时候为什么听信他人只言，而没有亲自去尝试。

六角恐龙是最适合在北方饲养的动物，东北、内蒙古、天津、山东，当然也包括北京等这些四季鲜明的地区，非常适合繁育这种动物。冬天的时候要让水温下降到10℃以下，然后在春天缓慢上升，并给予充足的光照，当水温上升到16～20℃时，它们就开始活跃地追逐产卵。雄性会生长出褐色的长脚趾节，称为“抱指”，雌性则没有。一对六角恐龙每次能产200～400粒卵，和别的蝾螈不同，它们的卵像蛙卵，是一串串挂在水草或其他物体上的。在温度28～22℃的情况下，15天左右，卵就完全孵化成蝌蚪了，并能见到隐约的前肢。用水蚤、水蚯蚓或者鱼饲料喂养它们都成，孵化5天后，前肢就生长健全了。一个月后，后肢也健全了。这个时候，它们疯狂地暴饮暴食，你能眼看着它们生长，到了3个月龄的时候就能有7～8厘米长了，并且能吞食小鱼了。要注意，虽然它们吃鱼，但也怕鱼，如果把六角恐龙和成群的鱼饲养在一起，它们不但吃不到鱼，鱼还会把它们鲜红的外鳃当蚯蚓全咬光。所以用鱼喂养的时候，最好选用小泥鳅，或者少量投喂死鱼。

我一直都在考虑，多年前关于这种动物非常难养的谣言是怎么诞生的。想来想去，最终得到了一个似乎站得住脚的结论。首先，这种动物在美国很早就作为实验动物被大量繁殖饲养了，特别是白化个体，由于呈现隐性基因，是皮肤实验的好材料。但这种动物引进到中国并不是作为实验动物引进的，因为我们早在20世纪70年代就从前苏联引进了光华爪蟾作为实验动物，没有必要重复引进用来饲养的两栖动物。当六角恐龙被引进的时候，它们就是作为观赏动物随着贸易进入了中国香港、台湾或者广州等地（通常新观赏动物的引进都是先到这三个地区）。在观赏动物市场上没有这种动物的专家，也没有人曾经养过这种动物，再加上南方闷热的夏天，可能造成了许多六角恐龙的死亡，“不好养”的传说就开始了。如果六角恐龙是先作为实验动物引进到科研院校的，那么当它进入市场的时候，可能不会有难饲养的传说，也不会有高价格的阶段。就如光华爪蟾，一流入市场，价格就低廉得很。它们就是那些用不完的实验动物。

也许大多数人只是把六角恐龙作为宠物或实验动物，有谁知道，它们原来还是一位“神仙”呢？在古老的阿滋克特文化中，六角恐龙是掌管光明和火焰（可能和六个外鳃红如火焰有关）的神仙，因为冒犯了天神，被贬到墨西哥城东南的奇米尔科湖，终生不能登岸。阿滋克特一直供奉这种动物，从不敢冒犯。直到地理大发现以后，西班牙人灭了这个的阿滋克特族，奇米尔科湖才逐渐被开发。当然，现在的墨西哥文化仍然保留了光明与火焰神的传说，不过，人们只认为它是个传说了，过度的开发和污染，已让野生的“光明神”濒临灭绝。

虎螈

虎螈是我最早饲养过的一种进口蝾螈，在它之前，我只能收集到分布在中国境内的蝾螈品种。那是2005年的时候，我在水族馆筹建两栖动物展览，饲养箱已经完全建好，大量的蛙类陆续进住，可有尾类的品种少得可怜，只有中国瘰螈、肥螈和红腹蝾螈，这让两栖动物展大为失色。我知道国外有很多个体较大、颜色鲜艳的蝾螈品种，却苦于弄不到它们。不过，当时我们的展览并未因为没有丰富的外国蝾螈而遭到大众的不认可，那是因为即便是中国最大的动物园——北京动物园的两栖爬行动物馆里，当时也没有国外的蝾螈品种，而且我们当时的蛙类数量要比动物园多得多。为了让两栖动物展馆更加名副其实，而不是单纯成为一个蛙类展览，我整日寻找着奇异蝾螈的货源，从专业论坛网站的转卖帖子到全国各地的水族宠物市场，好一通的搜罗。

工夫不负有心人，当年的夏天我在一个快要拆迁的观赏鱼市场上找到了那只虎螈，我很兴奋，加班跑回单位，先告知了采购部的同事，然后打了加急报告，并说明了如果现在我们不出手，这只蝾螈很可能落入他人之手，那么，我们就不知道要再等多久才可能有自己的外国蝾螈。这份报告几经周折在两天后被批准了，这是我知道的那家水族馆批复报告最快的一回，期间我一直在反复和总经理与副总经理阐明这个动物对整个展览的重要性，还荒唐地承诺了我将对它的生死负全部责任。总之，当我拿着批文去采购部找专员同我一起去购买那只虎螈的时候，有一种大战后胜利的感觉。

时至今日，虎螈在水族市场上已经不是很稀罕的玩意儿了，可我仍然在饲养这个品种，虽然这些个体不是为了展览而饲养的，购买它们的时候也没有经历过复杂的报告。不过，虎螈的确可以算是我非常喜欢的一个两栖动物品种。

总的算起来，我一共饲养过 6 只虎纹顿口螈，最早那只非个人财产，它长大后我就再也没有见过它。另有两只中途夭折，死于暴饮暴食引发的疾病，还有三只是我最后饲养的，它们活得非常健康，虽然几经被动减肥，但仍然十分壮硕。虎螈有着彪悍的性格，强健的体魄和凶残的面部表情。成年后，身上呈现斑斓的花纹，两鳃有突出的赘肉，整日懒洋洋地趴在那里，直到你将食物放入饲养箱时，它就会一跃而起，扑住猎物，并将其生吞下去。称它们为虎螈（tiger salamander），显然不仅仅是因为其身体上的花纹与老虎的类似，它们是一种形神兼备的类虎动物。

多数蝾螈温良而害羞，行动迟缓，甚至看上去有些呆傻。这些性格在虎螈身上是找不到的，通过它们那一双“小豆眼儿”，你就知道这家伙不好惹。虎螈是我知道的仅有两种咬过人的蝾螈

上图：虎螈是我建设两栖动物展览时，引进的第一种国外有尾目动物。那时候的我因为工作的忙碌，比较消瘦

下图：我所饲养过的第一只虎螈

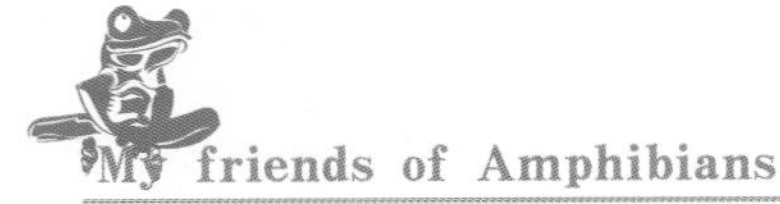

之一，另一种是身材巨大的大鲵。不过，虎螈咬我并不是自卫或袭击，而是错把我的手指当成了乳鼠。只要你喂，它们什么都吃（当然不能吃的东西肯定不吃），面包虫、大麦虫、蟋蟀、蚱蜢、小鱼、老鼠甚至是一小块鸡肉，它们来而不拒。我后来购买的几只都是人工繁殖的幼体，它们生长速度很快，应该算是我见过蝾螈里生长最快的。10 厘米的个体，饲养半年就能生长到 20 厘米。这样的快速生长是以大进食量为前提的，健康的小虎螈（20 厘米以下），通常一天可以吃掉 10 只左右的蟋蟀。你可能觉得那并不太多啊，要知道很多其他蝾螈一个月可能才吃这么多东西。大的食量带来的直接后果是大的排泄量，这就让原本健壮的虎螈容易出健康问题了。在自然环境中，有哪种动物光吃不拉呢？没有。拉完了怎么办呢？多数动物选择一走了之，远远地离开，再不回来。还有一些动物习惯更好些，能将自己的粪便掩埋，比如猫。但在人工饲养环境下就麻烦了，一只虎螈拉完了也可以选择一走了之，但它能走到哪里去呢？最多离开自己的粪堆儿 30 厘米，然后在那里一边闻味儿，一边等待新食物的到来。还好，它们不懂得什么是恶心，不过就人的角度来说，虎螈的粪便确实很臭，因为它们吃肉，食肉动物的粪便往往要比草食动物的味道浓郁很多。试想一下，一只死老鼠在蝾螈的肚子里与几只蟋蟀混合在一起，通过不太充分的发酵、分解，变成一团如滋泥般的黑色物质，再经虎螈如橡胶管子般的身体挤压，如日本豆腐一样地被挤出成坨，立刻散发出腐败的臭味。如果你还喂给它们鱼了，那么这里面肯定还夹杂着腥味。光这样还不够恶心，假设你不及时将这些粪便移除，虎螈不久会再拉一泡，然后，它们就很饿了。因为这种动物是直肠子，拉两次后就开始到处寻觅食物了。这时候它们可不管哪里有尿，哪里有粪，统统地踩上去，有的时候还在上面打滚，用头将自己的粪便顶开，查看底下是否藏匿了什么可口的小昆虫。总之，处于成长期的虎螈，如果得不到每天清洗饲养箱的待遇，两天后，它们很可能成为一条“屎螈”。

这种问题，在其他品种的蝾螈里是非常少见的，云石螈、小鲵、瘰螈的粪便只有大米粒大小，火蝾螈和多数疣螈一般十天半个月才方便一次，只有

虎螈捕食全过程

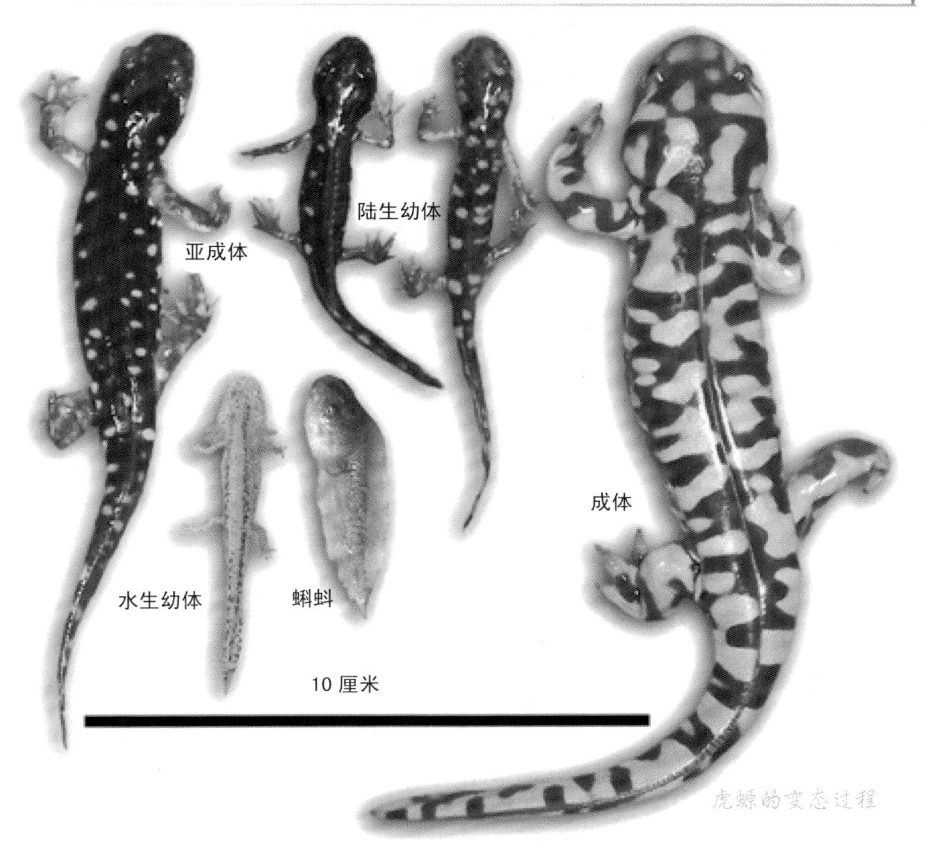

虎螈的变态过程

虎螈这方面比较麻烦。比如，你要突然出差几天，那么就必须在出差前一周开始给虎螈断食，而且每天清除它们的排泄物和脱下来的皮，通常控食一周后，它们的肚子确实空了，这个时候才不用担心，你不在家的时候它们成为“屎螈”。

在我的虎螈群落里第一次突然死去了一只的时候，我一直认为它的死要归结于我的懒惰，没有及时清洗饲养缸，造成粪便堆积细菌滋生感染而死的。所以后来再不用玻璃鱼缸饲养虎蝾螈了，因为玻璃容器太难移动，不能拿到自来水管子那里冲洗消毒。改之使用 40 厘米和 50 厘米的整理盒，这个东西很方便，熟塑料制成的不怕磕碰，清洗方便，那种塑料整理盒最终成为了我所有蝾螈适用的饲养工具。在那之后我勤快很多，不过还是有另外一只又死去了，而这死亡时间相间很近，我想这个家伙若不是脏死的，那肯定是撑死的。正所谓：“酒是爹，饭是娘，撑死总比饿死强”，这是我认为虎螈的生命准则。特别是幼体，它们每天都拼命地吃，直到你在它们肚子上能清晰地

虎螈捕食凶猛，吞吃乳鼠是它们最喜欢的事情

看到蟋蟀的轮廓了，它们仍然继续吃。有的时候，当你打开饲养盒的盖子，它们就窜起来，张着嘴咬你手里的镊子。暴饮暴食自然是不利于健康的，不论是对于人还是其他动物。为了虎螈的健康成长，饲养者一定要控制好自己的情绪。为什么这么说呢？但凡饲养小动物的人，不论是爬虫、鸟还是鱼，饲养者都喜欢欣赏它们吃东西的场面，而且一天主要的欣赏时间也就是喂食的那一会儿。看着动物吃食，或凶猛异常，或憨态可鞠，人们不禁心情大悦。有些动物园和水族馆的经营者抓住了人们的这种心理，还专门设立了喂动物表演，吸引游客。多数人总用人的思维方式来考量动物的心理，它们总认为动物和人一样，胃壁上的神经细胞在食物充满胃后会向大脑传递“我饱了，不吃了”的信息。实际上，很多动物在这方面是欠缺的，比如两栖动物（许多鱼和一些贪嘴的小狗也有这种毛病），很多都不知道饱饿，特别是在幼体时期。它们在自然界中是弱势群体，信奉的原则是“拼命吃，拼命长，谁最先长大，谁就能称王”。大自然是残酷的，能让体形弱小，行动缓慢的幼体虎螈捕捉到的食物实在不多，即使它们再拼命，每天也就只能吃个半饱。来到人工饲养环境则不一样了，你想吃，我就给你吃，你拼命吃，我就拼命喂。最终，虎螈肯定拼不过人，快乐地被撑死了。这是我当时对死去虎螈的基本解释，因为我当时的确按捺不住自己的心情，每天一看它们就想喂食，而那两只死去的都是平时能多抢到食物的。我将一只虎螈解剖，果真胃内有许多没有消化的食物，而且一个蟋蟀的腿将撑得很薄的胃壁捅出了血。打那儿以后，不论我的小虎螈怎样表现出自己的饥饿，我每周都只给它们喂两次套餐，套餐标准是三个蟋蟀一条小鱼。顺便说一句，我实验过 10 厘米小虎螈，就算持续饿上半年也不会影响它的健康。

对于成年虎螈来说，似乎没有什么致命的坏毛病，能吃能拉的习惯，随着虎螈的成长逐渐消退。大概两龄以后，它们也会装着火蝾螈的样子，对食物有些爱搭不理了。甚至在炎热的夏天和寒冷的冬天，它们还会主动绝食1～2个月，这大大减轻了饲养的辛苦。要知道，每天下班回家后都要先刷二十多个塑料盒子的工作，时间长了，人会感到非常枯燥和郁闷。有人说虎螈夏天怕热，冬天怕冷，这完全是一派胡言。在我饲养过的蝾螈里，虎螈是继六角恐龙后排名第二的环境适应强者，北京有炎热的夏天和寒冷的冬天，炎热的时候，室内能达到30℃以上；寒冷的时候，阳台上的温度只有4～5℃。我就是用这样的冬夏温度饲养它们的，虽然有些人说，任何蝾螈在温度超过30℃的时候都会死亡，但我亲眼看着我的虎螈在这样的温度下度过了夏天，当然，晚上我回家后室内温度会降到26℃，因为我会开空调。而冬天虎螈的表现更证明了它们是超级环境适应者，在4～5℃的阳台上，其他两栖动物都进入了冬眠蛰伏状态，唯一还吃东西的品种只有小鲵、六角恐龙和虎螈。小鲵不用说了，它们生活在长白山的高纬度原始森林中，那里夏天的温度也不高，冬天则是万物霜天的景象，所以肯定不怕冷。六角恐龙能在接有薄冰的水里进食，这我早也见识过。但虎螈在这种低温下仍然进食却和以前知道的理论不一样。一些资料上的介绍，都说虎螈在气温低于10℃的时候就进入地洞中冬眠了，待到次年春天出蛰繁殖。显然，地洞里的日子，虎螈是不摄取食物的。我的饲养经历完全与资料不同，它们仍然吃东西，虽然我为它们安排了大量的瓦片和苔藓，它们根本不打洞休息。我一直在思考这是为什么，也可能是人工繁育个体对自然环境有更强的适应能力吧。

一种大胃口的动物在超级饥饿的时候会干出什么事情呢？打架，然后吃掉同室的一条肥腿是虎螈的选择。它们继承了顿口螈家族的光荣传

黄色斑纹丰富的个体看上去更美丽，非常受爱好者的欢迎

黑色丰富的幼体

无法顺利完整的蜕皮是虎螈的常见疾病

统——同类相食。在自然界中，大个体的动物吃掉小体形的同类是司空见惯的事情，比如大鱼吃小鱼、蜥蜴吃小蜥蜴等，就连温顺的兔子在产仔后如果极度饥渴都会吃掉小兔子。但，同体形的个体相互残食就是不多见的事情了，我观察过老鼠在食物匮乏的时候，会合伙杀死一只同类，然后把它吃掉。而那只限于杀死后吃掉，有哪种动物能从同类身上活生生地扯下一条腿然后吃掉呢？顿口螈。当然，这方面最擅长的是六角恐龙，而同家族的虎螈也有这种习性。如果在一个饲养盒里同时饲养多于两只以上的虎螈，它们在饥饿的时候会一口咬住对方的大腿，然后拼命地扯下来吃掉。当然，受害者不会因此成为瘸子，这些被吃掉的腿在 2 个月后会重新长好，但假设这期间伤口遭到了感染，那么很可能让它一命呜呼。所以，我只能将虎螈们单独饲养在各自的盒子里，只有在需要繁殖的时候才让它们见面。

想一想，如果把这种具有虎皮花纹的动物饲养在有苔藓和蕨类植物造景的生态饲养箱中那肯定是非常美丽的事情，不过，这对我来说只是个梦想。虎螈是一种彻头彻尾的景观破坏狂。它们进入有布景的饲养箱后会非常活跃，一会儿爬上植物"剪枝"；一会儿在苔藓上刨坑；还会钻到底材里像蚯蚓一样翻土。总之，当虎螈一通忙活后，你的造景就会一片狼藉，然后这些家伙把已经变成泥球的身体团在一起，呼呼大睡起来。所以，虎螈是最不适合饲养在造景饲养箱里的。安置在普通饲养盒里也不要有太多的物品，一块吸水的海绵、半个的碎花盆就是最好的饲养条件了，容易清洗且非常安全。虽然虎螈善于游泳，但成体不能完全饲养在水中。它们喜欢潮湿但没有水沾到脚的地方，爬在吸水海绵上虎螈会很舒服，如果是一块冰凉潮湿的瓦片，它们就更高兴了。

根据在北美洲的自然分布不同，虎螈被自然分割成了几个种群，单独进化发展，形成了至少6个亚种。分别是：灰虎斑钝口螈 *Ambystoma tigrinum diaboli*、横带虎斑钝口螈 *Ambystoma tigrinum mavortium*、斑点虎斑钝口螈 *Ambystoma tigrinum melanosticum*、亚利桑那州虎斑钝口螈 *Ambystoma tigrinum nebulosum*、索诺拉虎斑钝口螈 *Ambystoma tigrinum stebbensi* 和东部虎斑钝口螈 *Ambystoma tigrinum tigrinum*。它们的花色略有不同，比如灰虎螈身上的黄色斑点非常不明显，而东部虎螈的后背几乎是全黑色的。最美丽也最常见的就是斑点虎螈，我饲养过的6条中，5条都是这个品种。这个品种中的个体颜色也不尽一样，有些黑色的条纹多一些，有些则黄色的斑块更大些。收集者们以得到黄色多的个体为荣耀，当然所有个体在幼体的时候黄色斑块都很少，黄色似乎是随着它们的生长逐渐舒展开来的。不过，如果你拥有一条在10厘米左右的时候就已经很黄的个体的话，那它长大后简直会非常美丽动人；相反，“基础”不好的小家伙是不能生长出更多的黄色斑块的。很遗憾，我只在朋友那里看过黄色非常多的个体，而我的都是普通花纹个体。

幼年的虎螈喜欢隐藏在水中露出小豆眼

变态前的虎螈幼体

星点蝾螈

蝾口螈家族中的许多品种现在都在作为观赏动物交易，这可能和它们的原生地全部在美国有关系，从一些数据上看，美国的两栖动物爱好者在全世界最多了。其实，几乎所有的以“养成”为主要饲养目的的观赏动植物在美国都有普遍的爱好群体，如硬骨珊瑚、空气凤梨以及蛙类等。本土生的两栖动物，如果能有出色的颜色，那一定是很受欢迎的，毕竟它们价格低廉，容易得到。与我们收集中国本土的疣螈类不同，美国很多大的观赏动物公司都在繁育不同品种的蝾口螈用于国内贸易和出口贸易。蝾口螈家族在美国的生物地位和疣螈家族在我国的生物地位基本是一样的，一些受保护品种的等级也差不多。但在观赏动物贸易上是完全不同的，蝾口螈类被广泛地养殖，并自由贸易到了世界各地。疣螈则在鞭长莫及的保护制度边缘遭受着非法捕捉和贸易。从这个现象上，我们不得不认真考虑一下保护动物，特别是保护那些不起眼的小动物的策略。

我曾经得到过美国某爬虫公司人工繁育的两只星点蝾螈，这种动物在国内并不常见，主要原因不是其不够美丽，而是它的观赏点与虎螈相差不大。人们更愿意花 300 元左右购买强壮的虎螈，而不会再多花 150 元去购买一只个体比虎螈小，颜色也不稀奇，而且非常羞涩的星点蝾螈。于是，当常为我供新货的爬虫店引进了这种动物后，马上就给我打了电话，它们知道，也许只有我这样的两栖动物疯狂爱好者才会来收藏这个物种。我知道，这种蝾螈在美国本土是一种非常廉价而普遍的观赏动物，国内的价格之所以是美国价格的若干倍，主要是长途的运费、中转费用和运输风险造成的。不过，我欣然接纳了这两只蝾螈，虽然它们都是雄性的，虽然这两只蝾螈当时都很虚弱，虽然我并不是特别需要这个品种。但，我的钱还是“飞”到了店主的钱箱里，就算是为了挽救两条可怜的生命吧，就算是鼓励一下贸易上更多地引进新品种吧，就算是为了之后有一天还能建设一个两栖动物展览馆而积攒品种吧！星点蝾螈和它同家族的虎螈、云石蝾螈和六角恐龙都不同，它们很羞涩，行为上更像是胆怯的大凉疣螈。饲养近 3 年了，我从没有看到它们当着我的面吃东西。只要我一打开饲养盒的盖子，它们必定是躲藏在陶罐里，我也很少看到这两个动物在盒子里爬行。也许，它们的运动时间是深夜，至少是等我睡熟的时候。我猜想，它们是在非常安静而无光的情况下，爬出来寻觅蟋蟀和面包虫吃的。

不过，和其他顿口螈一样，星点蝾螈是非常容易饲养的。对食物、水和环境没有特殊的要求，它们最大的奢求就是需要一个足够大的躲避处，我是用两个陶罐，也可以用瓦片或碎花盆。如果你把躲避处移出饲养盒，星点蝾螈就会显得惶恐不安，它们不停地想钻到对方的肚皮底下躲避光线，而且会绝食，扎在饲养盒的一个角落里一动不动。

从我开始饲养这种蝾螈的第二年春天开始，我就发现它们的睾丸特殊的大，比其他同体形蝾螈的睾丸要大出一倍。因为我的两只都是雄性的，我总担心它们在发情后又不能得到配偶而有身体不适。于是，努力地降低温度，尽量将缩短它们的发情期。这种动物真是温和得很，即使是高度发情的状态下，雄性之间也没有相互攻击，其他蝾螈则不可能这么安分。

当星点蝾螈的健康状态非常好的时候，它们名字中的星点就越发名副其实了。虽然这种蝾螈本身就是在巧克力色的身体上生长着两排黄色斑点。但“星”这个名词应当代表闪光，至少是有光泽的金色。在我刚刚得到星点蝾螈的时候，我只叫它斑点蝾螈，因为我看不到星光的闪亮。等它们适应了我的饲养环境后，我才发现，从头部的四个斑点开始，它们身上的黄点逐渐地泛出了金色的光泽。

云石蝾螈

云石蝾螈虽小，也同样继承了钝口螈家族的习性——捕食物十分凶猛。我在 2009 年刚刚得到 4 只云石蝾螈的时候，它们只有 5 厘米长，我当时觉得是自己给自己找了个麻烦。因为从我不以饲养两栖动物为职业以后，就不再购买体形小于 10 厘米的蝾螈了，不管自己有多爱好，也坚决不引进，因为它们需要的食物太小，而小个体的昆虫和蠕虫都是不容易保存的，这样，我必须每周至少去一次水族市场，为它们带回来新鲜的小活饵。看到云石蝾螈的时候，我一下子就不再矜持了，这可能和我太多地在书、杂志和动物影片上看到过它们神奇的生育经历有关。也就是从那时开始，我逐渐开始接纳更多的小型两栖动物，包括后来的小鲵、疣螈等，既然已经破戒了，就不在乎麻烦更多一些。

那么，这种蝾螈究竟具有怎样的繁育特征，让我大破戒律呢？答案很简单，它们是为数不多的在陆地上产卵的两栖动物，与其说它们产下的是卵，倒不如所是蛋（当然在英文里卵和蛋都是 egg）。雄螈通过体内受精的方式，使雌螈怀孕。雌螈会在一个自己挖掘的土坑里面产蛋，蛋的数量不多，大概也就 20 个左右，不过个体很大，每个都有雌螈半个头骨大小。雌螈会蜷缩在那里看护它的蛋，这对夫妇似乎能占卜星象，卵孵化的时候天气总能下起大雨，于是蝌蚪就能够通过雨水被冲刷到河流里生活，并完成整个变态工作。所以，我一直想尝试在家中繁殖这种奇异的动物，看它们是否能感应我会在什么时候让饲养箱里“下雨”。

这是一只雌性的

在我刚刚开始饲养云石蝾螈的时候，并没有遇到想象中的麻烦。第一天，我就看到它们吞吃足有1厘米大小的蟋蟀。这让我很高兴，因为这个大小的蟋蟀既不难得到，又十分好养活。而且，在我的尝试中，它们还能吞食和自己身体一样长的蚯蚓，但具有坚硬外壳的面包虫是不被接受的。小云石螈很能吃，对食物的贪婪程度不亚于虎螈，每只每天都能吃2～3只蟋蟀，不到一个月就生长了1厘米。它们每天排泄出许多如同老鼠屎一样的粪便，我可以用镊子轻易地将这些污秽夹出来，不管用什么食物喂养，它们都不会拉稀，这点要比虎螈卫生许多。大概在我饲养了半年以后，它们就达到了成体的标准，雄性8厘米，雌性10厘米。一个冬天以后，雄性又生长了1厘米，而雌性没有长。

为了繁殖云石蝾螈，我饲养了一个小群落

起初，我不会辨别这种蝾螈的雌雄，买的时候，只是用辨别一般蝾螈的办法看脚指头的长度和泄殖腔后是否有明显的睾丸突起来挑选，所以得到的并不是正好两对，实际上，4只里只有1只是雄性的。不过，我通过观察发现，这种蝾螈辨别雌雄要比其他品种还容易。雄性身上的白色云石花纹更多一些，头部的花纹是横带状的，雌性一旦生长到6厘米以上，头部的花纹都会呈现出一个圆圈或半圆的形状。雄性身体瘦长，尾巴明显比雌性粗壮。

小型蝾螈总会在你照顾得不够精心的时候，被细菌感染。有一次，我出差回来，发现一只雌性的死去了，剩下的3只或多或少地烂脚趾，有一只已经失去了多半个脚。这是一种非常常见的细菌感染，在皮肤光滑的小型蝾螈里很常见，我赶快用庆大霉素进行治疗，还好，蝾螈就是蝾螈，它们自我修复能力很强。在细菌感染治愈 1 个月后，那些脚趾头又逐渐生长出来。

要想繁殖云石蝾螈，必须在饲养盒子底下铺垫土，而不是椰土、苔藓，更不能是一块吸水海绵，这里的土指的是草地里的黄土，而且要经过筛选，足够细腻，当加水后其变成黄泥。云石蝾螈就在这样的泥土里打洞、挖坑，把自己变成一只“泥巴猴”，然后让产出的蛋也成为泥蛋，所以美国人叫它们“晏鼠蝾螈”，我看除了打洞的本事，它们的粪便也很像啮齿动物排出的。在卵孵化的过程中，如果土不够干净，就会造成感染，使整个繁殖失败。我想出了个好办法，将从花圃中刨来的土在微波炉里加热 20 分钟，以达到消毒的目的。这个效果的确不错，后来我还给其他蝾螈更换了这样的干净土，它们终于有了和自己老家一样的“地板”。

很遗憾，我没有观察到云石蝾螈的繁殖全过程，因为我总没有大段的空闲时间，只要工作一忙起来，就必须让这些动物停止进食和一切“生理活动”，去冰箱里睡觉。也许在家中看云石蝾螈下蛋，必须等到我退休以后了，那将要有十分漫长的等待过程。

云石蝾螈的卵

关于大鲵

这本书并不是一本两栖动物分类学的著作，我没有作过那种学问，只是在介绍一些我了解的两栖动物和它们在人为饲养下的故事。就大鲵来说，它应当不在本书涉及范畴内。但，我的确饲养过一段时间的大鲵，还和这种巨大的两栖动物有许多的接触经历。它们并不是观赏动物，连一种基本好看的动物都算不上。我下面只是想介绍一些关于大鲵的事情，并不是说这种动物是一种两栖宠物。

大鲵——chinese giant salamander，翻译过来就是中国的大蝾螈，当然日本和美国还各有一种也称为大鲵的大蝾螈，不过都没有中国大鲵那样伟岸。你能想象一种能生长到 2 米，重二百斤的巨大两栖动物吗？它的头比你的头还大一些，安静地趴在浅水中，身上有大理石一样的斑纹。一条二斤多重的鱼游过的时候，这只大动物只是“咚”的一声就将鱼吞进嘴中。如果这个场面不是出现在古老的三叠纪，那么就只有在大鲵的饲养场才能看到了。

如果你简单地翻阅一些科普读物，就会知道，大鲵是现存的最古老的两栖动物。它们的化石可以追溯到一亿六千万年前的地层中，是孑遗的古老生

在大鲵原产地的旅游景点，商贩们大量出售用各种石头制作的鲵样纪念品。可见，这种动物是多么地受重视。在两栖动物家族里，它们的地位等同于哺乳动物中的大熊猫

作为现存两栖动物家族中体型最大、最古老的品种，大鲵充分继承了远古两栖动物残暴、凶狠的习性；左图是被大鲵咬断的手指

物，它们和其他两栖动物还有很多的不同，在分类学中单成隐鳃鲵科。这个科名从字面上就已经告诉我们了，它们既不像大量陆生蝾螈成年后完全没有鳃，靠肺和皮肤呼吸；也不像许多水生蝾螈拥有裸露在外的鳃。它们有鳃，但是隐藏在体内的。这种生理结构更能证明从鱼到螈的进化过程。

我饲养大鲵是在水族馆工作的时期，在两栖动物展区有一条大约60厘米长的大鲵。它是北京渔政监督管理站罚没来的非法贸易个体，为了保障它的健康，它被送到了本地水族馆，一面向游客展出，一面做些简单的保育工作。实际上，就当时水族馆的条件，要想在馆内繁育大鲵是根本不可能的。我只是每天观察并喂养它，并尽力让它能活得更舒服些。由于中国大鲵是世界上最大的两栖动物，再加上二级保护动物的身份，多数水族馆都会把它看成一个展览亮点，所以饲养投入还是可以满足的。当时的饲养系统完全是我设计的，有一个巨大的过滤器，使用了大量培育消化细菌的过滤材料维持水中氨氮处于几乎为0的状态，并且经常换水带走过多的硝酸盐和磷酸盐。因为我知道，大鲵生活在很清洁的溪流中。为了维持它需要的低水温，水族馆同意为它单独使用了一台1p（750W）的冷水机。这可是破天荒的事情，要知道，为了节约成本，在水族馆中许多需要冷水环境的鱼都没有得到这样的待遇。为了让大鲵不紧迫，并且让游客了解大鲵的野外生活环境，我将仅有200升水的饲养箱子设计成了卵石铺底的“溪流”，并放入了一些大沉木，让大鲵有所躲藏。于是，这个家伙一住进去，就将自己的皮肤调整成了木头的颜色，终日爬在沉木边上。许多游客在参观时大呼大叫地说，“这里面根本没有大鲵”。当我遇到这种情况，就会指给它们看，它们看了就大为惊讶地说，“这就是娃娃鱼啊，我们还真以为它长得像娃娃呢，原来像木头”。

相信大家都知道，大鲵的昵称就是娃娃鱼，而且关于这个名字的来历，人们也多能说得清楚，“因为大鲵的叫声像小孩的哭声，所以叫娃娃鱼呗。”其实这种说法很可能是以讹传讹的玩笑。我为了弄清楚大鲵的叫声是否像孩子哭，观察了很久，并在之后的几年里走访了许多有大鲵的地方，但确实从没有听过这种叫声。

众所周知，有尾类的两栖动物没有声带，它们不可能发出真正的叫声。不过，如果你把一只蝾螈逼急了，或者你掐它们的肉，让它们非常疼的时候，蝾螈会通过喷气发出声音。这种声音有点儿像家猫打架时候发出的嘶嘶声，也有点儿像蛇在攻击时发出的嘶嘶声。我实验过，大鲵也能发出这种声音，但只是“嘶嘶”声，并不是“哇哇”声。后来，我曾去过位于张家界的大鲵保护区，在金鲵实业公司的养殖场里有成千上万的大鲵，其中有些个体正处于发情期，但它们都是那样的安静。我问公司董事长王国兴老先生，你是否

在出土的陶瓶上，经常刻画有人面蛇身有四肢的鲵鱼图案，这充分证明了大鲵文化在中国具有悠久的历史

听过大鲵发出像孩子哭声一样的叫声呢？他已经饲养了30多年的大鲵，在回答这个问题的时候，还是含含糊糊地说："好像是听过，但听不清楚"。眉宇间，感觉他是不想破坏这个美丽的童话吧。在当前的一些科普出版物里，少数水生动物研究者已经初步证实，从大鲵的身体结构来看，它们不可能能发出哭泣一样的声音。娃娃鱼的名字很可能来自它们的身体结构很像个水中的小孩儿。因此，大鲵最早的名称是人鱼。

战国时期的《山海经》中就有人鱼的记录："龙侯之山……泱泱之水出焉，而东流注于河。其中多人鱼，其状如谛鱼，四足，其音如婴儿，食之无痴疾。"显然这种动物就是大鲵，当时已被称为人鱼，而且已经有了叫声如婴儿的传说，不知道古人是怎样听到的。放下大鲵的叫声先不提，再说说人类对大鲵的利用。实际上至少从战国时期开始人们就开始利用大鲵了，刚才那段文字中"食之无痴疾"就已谈到了吃。食疗药补一直是我们中国人民的"光荣传统"。凡是野生的动植物，人们都会不厌其烦地研究它是否能"补"，似乎我们先天什么都缺。可能大多数人在谈到保护动物的时候只关注那些已经成为明星的大型动物，如大熊猫、金丝猴、白暨豚等，却不知道在我们身边有很多小型动物已经被活生生地吃成了濒危，比如苏眉鱼、穿山甲、蟒蛇和所有闭壳龟，当然这里最典型的就是大鲵。上千年来，人们一直在捕食大鲵，最先吃的人很可能就是为了挨过饥饿，后来这些吃饱了的人闲的没事就开始大量编造吃这种动物的好处，这大概也能理解，吃饱了嘛！总要去赚些钱来，以免食物太单一，他们只能抓到大鲵，而那些整天鸡鸭鱼肉的人怎么能买他们捉来的古怪动物呢？那就说，这种动物吃了可得长生吧！于是最早只是用大鲵来填饱肚子的人，后来又靠大鲵发了一笔财。比如在民间故事集《西泽补遗》中就记载了这样的传说：相传在湖南张家界的武陵山区澧水源头，四周都是悬崖峭壁（现在张家界旅游景点确实如此），荒无人烟。一位年过八旬的老人携妻至此，身体虚弱，苦无子孙承欢膝下，以至饥寒交迫，走投无路。

他正准备抱着石头投渊自尽，却发现石头下面有一条娃娃鱼。老人抓了几条娃娃鱼煮汤吃，顿感其肉鲜美。之后，越发精神焕发，苍发不久变黑。其妻吃了娃娃鱼肉也年轻了许多，皮肤变得嫩滑有光泽，3 年里竟生了 9 个孩子（一年生一次三胞胎，简直是妖怪）。此时，四川术士张道陵来到此处寻药物，向老人要了一碗汤喝。喝完后觉得神清气爽，一道霞光闪过，眼前出现了两尾头尾相交的鱼。张道陵惊讶地问老者缘故，老者介绍了自己的经历。他听完后到深渊一探究竟，顿时领悟了阴阳变化的玄机，创建了道教。根据两尾鱼的形状绘制了阴阳太极图。因为老汉吃鱼而得儿，张道陵将这种动物起名鲵（即“鱼”“儿”的意思）。从这个故事，我们看出了食用大鲵在古代中国，不但被认为是能返老还童的滋补佳品，还和宗教扯上了瓜葛。

在漫长的中国历史中，对大鲵利用的记录层出不穷。唐代《酉阳杂俎》中说：“峡中人食之，先缚于树鞭之，身上白汗出如构汁，去此方可实，不尔有毒。”这里说的“白汗”就是大鲵皮肤腺体里分泌的微毒液体，而唐朝人已经知道在食用大鲵的时候先祛除体内的毒液，防止中毒。《史记》中记载了秦始皇陵中使用“人鱼膏”作为长明灯的燃料。当然，有人认为始皇陵中的灯油应当是鲸油，但考虑到秦朝的时候还不具备捕鲸和运输鲸油的能力，人们还是更倾向于大鲵油的说法。不过，不管古人怎样利用，直到近代，大鲵在中国的土地上一直非常多。我采访王国兴的时候，曾问过他和其他桑植县的老人，它们都说在新中国解放初期，那里的山溪中随便翻开石头就有成群幼体大鲵。到了现在，野生大鲵却近乎灭绝。

比起古人来，现代人有更得手的捕捉工具，有智慧的捕捉方法，有更多的理由捕捉大鲵。对于古人来说，最多在药典杂谈中说一下，“食人鱼可以强筋骨、壮体魄，使人年轻”。现代人能找到很多

因为人们一直认为大鲵肉是滋补佳品，所以对野生大鲵的利用连续的几百年。大鲵受到重点保护后，国内许多地方开始大规模人工繁育。现在，人工大鲵种群已经非常庞大

这是我在张家界大鲵核心保护区拍摄的一些场景。我想对大鲵生存影响最大的已经不是非法捕捉，而是保护区内整个水系的人工利用，许多溪流边上都有采石场和水泥场在工作

科学证据来说服更多的人，抗癌因子、胶原蛋白和不饱和脂肪酸是大多数动物被吃绝的主要原因。

随着医学的发展，古代被认为偶感风寒，暴毙而死的疾病被现代诊断为各种癌症。这是一种致命的病，所以得了的人拼命想活，没有得的人拼命想别得。于是，但凡某种东西被传为有抗癌的作用，就大受欢迎，抢购一空。胶原蛋白是所有美女的好朋友，它能让皮肤保持光滑细腻有弹性，让你锁住青春。至于不饱和脂肪酸嘛，不但对成人有好处，对儿童的大脑发育也有好处，甚至有些宠物饲料中都声称添加了不饱和脂肪酸。不管其他动物是否含有这些成分，科学已经证实了大鲵确实含有这些元素。于是，大鲵价格一路

这就是原产地大鲵的养殖场内部，在适宜的自然气候下，大鲵养殖就如同养猪那样轻松。照片中每一个“圈”里都爬满了肥硕的大鲵

飙涨，人们为了发财疯狂地捕捉着它们，野生的大鲵遭到了灭顶之灾。我在张家界采访期间，曾有人给我讲过，在20世纪70年代，大鲵的价格突然疯涨起来，其原因是大鲵的营养价值被发现了，南方地区开始大量收购，而且能出口。一吨大鲵可以换5辆卡车加1吨小麦。那时候人们什么也不说，就是不停地抓啊抓，然后去换汽车。特别是素有美食之都之称的广州，对食用大鲵的需求量每天都在增加，大鲵的价格从5元一斤涨到50元，再到500元，然后又到了1500元。到了20世纪80年代初期，改革开放初期那些想发财的人简直疯了，在河里整天地抓啊抓，哪里是抓鱼啊，简直就是淘金。广东、广西、福建三省的平时就什么都吃，毒蛇、海龟、孔雀，连没长毛的小耗子都不放过，何况有这么高营养价值的大鲵呢。吃啊吃，终于快把华中、华南、华北和西北地区分布的大鲵全吃光了。1988年，一个值得所有大鲵庆祝一下的年头，《野生动物保护法》颁布了。大鲵作为首批被列入了二级保护动物，其实就当时的状况看，列入一级也不为过，在CITES（国际动植物种贸易保护公约）中它们就是附录Ⅰ里的动物。但谁让它们是水生动物呢，比起陆地上的超级大明星，大熊猫、金丝猴、东北虎等来说，只能排在二级里了。从此，吃野生大鲵不再合法，而当时并没有人工繁育的大鲵个体，所以当时所有大鲵都不能吃，不能卖。除了少量送到研究所和动物园进行保护研究外，其余的都必须在自然环境中保护起来。很可惜，当时自然界中的数量已经不多了。不过在几年后，经济的链条却又让这种动物的人工饲养种群繁荣昌盛起来。

要说人工饲养保护动物，并不新鲜。比如大熊猫、东北虎都有大量的人工养殖，其数量也在恢复中。没有一种保护动物的野外数量和人工饲养数量的差异有大鲵这样悬殊。我在去张家界金鲵公司采访前，也认为这种保护动物即使人工培育也不会太多。但当我进入了饲养大鲵的山洞后，我惊呆了。你可以闭上眼睛想，想多多，就有多多。难怪IUCN在红皮书里对大鲵的描

我在张家界时与“中国娃娃鱼之父”王国兴的合影，从背后挂满墙的牌匾不难看出，养殖大鲵是多么受到国家重视的事情

述也是“野生种群极危，但在中国有大量的人工饲养个体”。

王国兴原是桑植县百货公司的一名职工，1987年从单位出来，算是下了海。他承包了桑植的双泉水库，承包期为20年。后来又在芙蓉桥承包了40亩的水塘，一边养娃娃鱼，一边养甲鱼。实际上，很早的时候，老王就开始收集娃娃鱼亲本，并大量饲养了。他养娃娃鱼是很有先见之明的，虽然当时人们都认为他疯了，大鲵怎么能在人工环境下繁殖呢？胡闹，不能繁殖就没有利益，因为野生个体不能销售，只有子二代（野生个体的孙子）才能换回钱来。20世纪80年代末甲鱼的市场行情很紧俏，老王很快就大赚了一把，到了1997年养殖甲鱼让他足足赚到了2000多万元。势头正好的时候，王国兴却突然转向，开始琢磨着把一塘塘的甲鱼都捞出来，挨个“放血”，一心一意地就养娃娃鱼了。是什么让他产生了这样大胆的想法呢？要知道，从承包鱼塘开始，他就是娃娃鱼和甲鱼一起养。为了养殖娃娃鱼，他甚至自学了大学的水产教材，可养了三四年的娃娃鱼才几寸长，全靠甲鱼的收入才起了

子二代商品大鲵被这样成堆地送进饭店，同时为养鲵人带来了巨大的财富。在当地，饲养其他鱼的人，都喜欢把鱼送到大鲵养殖场作为大鲵饲料。一是，当地鱼并不好卖，作为大鲵饲料却能一下全部脱手；二是，作为大鲵饲料收购的淡水鱼和自由市场的价格相差无几，渔民并不少赚。所以，当地渔民都非常喜欢王氏的金鲵公司

家。如今甲鱼要是没了，这不等于砸了金碗要饭吃，玩儿命吗？

可老王不这么想，谁也不知道，这个朴实的农民利用这些年的闲暇时光走山串洞，天天趴在那里看野生大鲵吃食、游泳和交配，用现在的话说叫“动物行为学观察”。当时娃娃鱼的黑市价格达到两三千元钱一市斤。通过老王对大鲵的观察和总结，人工繁殖一些娃娃鱼还是靠谱的，如果能大量养育繁殖娃娃鱼，既能够使娃娃鱼种群得到恢复，又可以用光明正大的贸易形式抑制黑市交易，而且养殖娃娃鱼绝对比养甲鱼效益大得多。这就叫机会永远给勤劳并善于观察的人，当许多专家学者还在争议大鲵能不能在人工环境下交配产卵的时候，“密电码”却让一个普通农民给破获了。真所谓，科学来源于对自然不屑的观察和思考啊。

老王养鲵没有像当时国内很多科研机构和国有企业那样建设规模化饲养场，而是凿山洞。他把养甲鱼赚来的2000多万都砸进了山洞里，不理解的人们都认为他疯了。从1997年底到1999年，整整两年的时间，王国兴全家总动员，带着工人吃住在山洞里。凿出了一条长602米、宽5米、高3米的山洞。老王的儿子王建文记得：当时读高中的他，每天要从山洞里背出80篓、差不多两吨多重的石头，来帮助家里修山洞。这不跟《愚公移山》差不多吗？

就在山洞开好的第三年，也就是2002年秋季，王国兴的山洞里繁育出了上千尾的娃娃鱼。他养殖繁育娃娃鱼的技术得到了专家和权威部门的认可。这就是对自然认真观察的结果，假设法布尔不是天天认真观察蜣螂，就不会有《昆虫记》；假设达尔文不是天天观察各色动物的差异，就没有《物种起源》；假如老王不是天天观察大鲵，就不知道凿山洞才能繁殖娃娃鱼。“愚公移山”意在大鲵啊！采访中，老王和我说，“当时由于开山洞耗费了全部家资，老

上图和中图是张家界大鲵救治中心科普馆里的大鲵动漫形象，据说是请韩国动漫公司设计的。

下图是中国娃娃鱼馆内的大鲵卡通形象，相对上面那种，我更喜欢这个，因为它更有中国味

王已经没有钱雇佣工人看守山洞了。2003年，他82岁的老母亲亲自帮忙上山去看洞，结果不幸摔死在山沟里，第二天才被家人发现。”我当时听了，感到十分凄凉。要是我，没准就踏踏实实养甲鱼了，不冒这个风险。所以，我不是知名乡镇企业家，也没有人家那样的魄力。

2003年夏，中国南方发了洪水，张家界也逃不过去。洪水从山上涌进王国兴的娃娃鱼洞，洞口的铁门也被冲毁，上千条娃娃鱼被冲入滚滚洪流中。老王奋不顾身，扑入洪流，抢救他的娃娃鱼，那是他的梦想和希望。一尾30多斤重的种鱼正要冲出洞口，鱼身很滑，根本抓不住。老王看它嘴巴张着，心一横就将自己的手伸到了鱼嘴里。大鲵的牙齿锋利，一旦咬住就不松口，还360度的打转，直到咬断。老王强忍剧痛，硬是把这尾30多斤重的娃娃鱼抱到了养殖池里，他的那根手指却被娃娃鱼咬掉了一节。

现在的金鲵公司，也就是原来老王的大鲵养殖场，已经有了两条山洞，在山洞里走一圈差不多要一个小时。年产大鲵百万尾以上，成为中国最大的大鲵养殖企业。我初去采访他的时候，根本不信这个数字，因为很多企业家都喜欢虚报自己的成绩。当我看到两条山洞里那一盆盆的大鲵卵和拥挤在一起的鲵苗，我觉得他说的很靠谱。王国兴自然成为了中国大鲵之父，现在他的儿子王建文管理金鲵公司，开始制作关于大鲵的文化产品，包括卡通和动漫，并准备上市。它们不仅开始搞特种养殖了，要把关于娃娃鱼的传说做成文化产业。

在中国养殖大鲵的企业不仅这一家，陕西、四川、广州、湖北、云南等地都有各种规模的养殖场，初步估计现在国内人工繁殖的大鲵至少有1000万尾。这个数量可能在所有受保护的脊椎动物中算是冠军了。乡镇企业家们为了发家致富大

搞大鲵养殖，却无意间让这个濒危的物种至少在人为的环境中越来越多。人们往往认为经营利用对保护野生动物是非常不利的，但大鲵在中国的这个例子倒提醒了我们，在一种野生动物快要灭绝的时候，能多养一些就多养一些吧，至少子孙后代以后还能看到它们。用当时我采访王国兴时他的一句狂语来说就是：“要是当时白暨豚让我养，也不会灭绝”。

说回来，大鲵这种动物对于人类，除了作为一种古老生物的研究和展览价值外，就是以南方人为主的食用价值。至于那些补啊、营养啊，吃别的也多少管用。欧美的基督教徒从来没有吃过这种动物，也有长寿的，也没有因为缺乏营养而畸形。我们可以把大鲵肉定义为亚洲人的食用奢侈品。文前说了，我从来没有认为过大鲵能在水族宠物领域里出现，却真的出现了。先是日本、而后是美国。日本人压根有点儿心理变态，分不清美丑倒也正常。美国人就不能理解了。我听说了这个事情后，就开始查一些资料，才发现他们开始饲养大鲵的白化个体作为宠物。在国外，白化的大鲵称为“金鲵”，日本和马来西亚人都认为是吉祥长寿的象征（大鲵的寿命确实很长，可达 100 年以上），美国人则完全是为了猎奇来收藏金鲵。全世界人类中，美国人的探索猎奇心是最强的。金鲵难以获得，所以价格非常高，一般都在 10 万美元以上。我知道这个事情后就告诉了王建文，因为我在他的繁殖场里看到了许多白化的幼苗。我说“老兄，你的白化苗千万别吃了啊，咱们当宠物卖给老外，可比做菜赚得多”。

上图：在大规模人工养殖情况下，白化大鲵个体经常出现

下图：当今，许多大鲵饲养公司都在忙着研发大鲵的深加工产品，比如这种面条

中国的疣螈

在下面的文字中主要介绍的是三种分布在中国西南地区的蝾螈，由于身上都长有如同小皮肤瘤一样的突起，而拥有了一个共同的名字——疣螈。

“疣”字的本意就是群生的小瘤子，也可以叫做瘊子，在动物名称中多用来形容长有小瘤子一样的外貌特征，比如：疣鼻天鹅、疣鸭等。当然，疣螈也是一样，它们身上的确生有或多或少的小瘤子。这些“瘤子”并不是发炎的组织，也不含有大量的淋巴液，而是蝾螈身上的一些腺体，里面有微毒的分泌物，功能犹如蟾蜍身上的突起一样，科学上称之为“疣粒”。一般，疣螈全身布满疣粒，看上去如同起了一层鸡皮疙瘩。另外，它们还拥有两到三排大疣粒（指皮肤上突起的硬块），从眼睛上方开始沿身体两侧一直生长到尾部各一排，沿脊柱可能还会生长一排。这些成排的疣粒，有些突起得很明显，有些则较平，看上去似骨骼从皮肤上衬出的痕迹。全部疣螈属成员均分布于亚洲，中国的西南部是主产区，越南、缅甸、泰国等中南半岛国家也有少量品种分布。但是其数量和品种都远不及中国西南一个省多，因此，我喜欢称疣螈属的所有品种为中国的疣螈。

黑色的小突起是疣粒，红色或黄色的大突起是瘰粒

右图从左到右分别为：贵州疣螈、棕黑疣螈、红瘰疣螈、大凉疣螈

实际上，中国至少有6～7个品种的疣螈，包括了大凉疣螈、细痣疣螈（*Tylototriton asperrimus*）、红瘰疣螈、文县疣螈（*Tylototriton wenxianensis*）、贵州疣螈、海南疣螈（*Tylototriton hainanensis*）和棕黑疣螈（以前认为红瘰疣螈是棕黑疣螈的亚种）。虽然它们生长得都很奇特，但是真正被公认为是观赏动物的只有红瘰疣螈一种。贵州疣螈和大凉疣螈有少量的个体在水族宠物市场被非法贸易，其余的品种都很难见到，也不被看好。为什么要说非法贸易呢？因为以上7种疣螈中除文县疣螈和海南疣螈外，其余品种都属国内Ⅱ级保护动物，而疣螈的所有种都存在分布狭窄的问题，栖息地相对分离，环境脆弱，其种群都有减少的迹象。所以，作为一个两栖动物爱好者，一定要了解疣螈已经是不能浪费的动物资源了。造成这些动物稀少的罪魁祸首并不是动物收集爱好者，也不是动物园和水族馆的展览。在中国饲养过疣螈的人应当不足100人，这是我在收集观赏鱼和两栖爬行动物爱好分类数据时得到的一个参考数字，实际上，两栖动物一直不被水族和宠物两个门类看好，除角蛙外，几乎没有什么两栖动物是经常出现在商店里的。至少在英国、美国和德国，饲养红瘰疣螈的人群要比中国多很多。德国爱好者早在20世纪90年代初就在人工环境下成功地繁殖了红瘰疣螈，而英、美两国也在前几年有成功的子二代问世，西班牙、意大利、法国和比利时也有爱好者繁殖红瘰疣螈的记录，这些在目前的国外两栖动物爱好网站都可以找到图

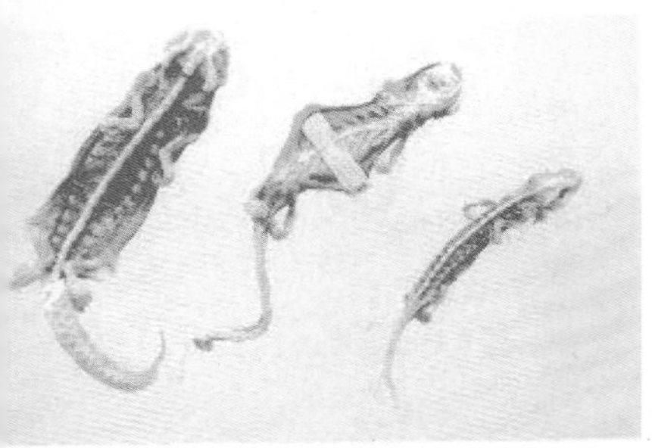

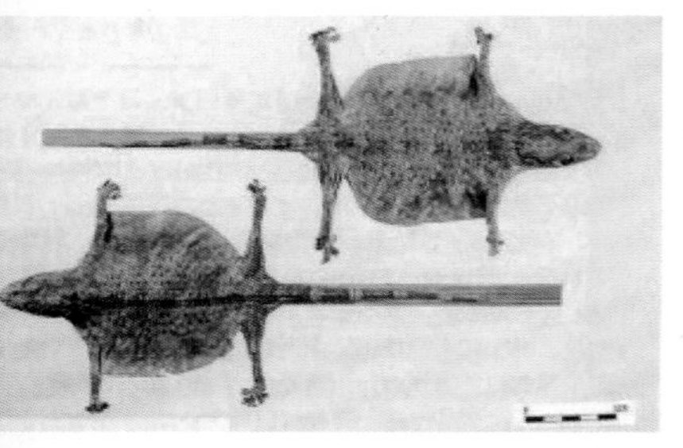

上图：被干制入药的疣螈，俗称水蛤蚧

下图：被干制入药的壁虎，俗称蛤蚧

在我看来，吃它们是极其没有意义的事情

片和文字资料，一些国外的两栖动物网店早有标价出售红瘰疣螈子二代。对于国内的水族馆和动物园，就我参观过的来说，几乎没有展出疣螈的，而且很多水族馆的工作人员都不知道疣螈是什么东西。

对野生疣螈威胁最大的是传统的中医药，许多疣螈死在了它们的药用价值上。传统中医上认为疣螈，特别是红瘰和大凉两种具有祛湿化毒的作用，更有人传言有壮阳的功效。前一种作用并不被人们所重视，后面的传言则受到广泛地宣传。在西南地区，许多自由市场里经常可以看到草药摊位上有绑成捆的红瘰疣螈和贵州疣螈出售，它们与海马、海龙、灵芝、当归、枸杞、海狗鞭等一起被作为药酒的重要药材，被称为娃娃蛇或麒麟。就以上药材而论，其中所有的动物都在保护范畴内，而海马、海狗的稀少也主要是因为人们获取它们用来壮阳。从前些年开始，补肾壮阳似乎成为了很流行的事情，许多野生生物因此遭受了灾难，除上述的生物外，受威胁的还有锁阳、肉苁蓉、黑蚂蚁等。难道我们真的有那么多人处于阳痿和肾虚的状态吗？

在2008年的时候，我在观赏鱼贸易公司工作，期间接待了一位来自德国的观赏鱼专家，茶余饭后他提出要去北京的水族市场转转，了解一下情况。我欣然应允，便陪同他去了某个市场。这个老外东看看，西看看，不时夸赞着中国的金鱼和大型水族箱。当来到一个卖野药的摊位时（水族市场中一般都有卖假古玩和卖野药的人开设摊位），他惊奇地看到了被晾晒成干的红瘰疣螈，便让翻译问摊主那是做什么用的。因为这个老外也是个两栖动物迷，所以对此很感兴趣。摊主回答说“是壮阳的”，翻译如实译给了他。他听罢很不解，问我中国有很多人阳痿吗？我毅然回答，“不，中国人都很棒，德国也许阳痿的比较多。”说完我们都乐了，这是一个很让我尴尬的玩笑。但是，壮阳的传说依然威胁着疣螈的野生种群数量。也许，你要问我，这种采药怎么能有如此大的威胁呢？是不是有些小题大做呢？如果我介绍一下捕捉这种药材的方式，你就不会这样认为了。不知道从何年何月开始，也不知道是什么人开始传说的（反正《本草纲目》里没写），麒麟（疣螈）必须成对捕捉，一同泡酒才有药效，这对于疣螈来说简直是个噩梦（当然海马和海龙的传说也是这样）。为了捕捉到成对的疣螈，人们在每年4月疣螈的繁殖季节进行抓捕。要知道，非繁殖季节里，多数疣螈躲藏在高海拔深山老林的草丛溪边，只有到了繁殖季节才成批下山来到水塘和稻田产卵，这个时候最容易大量捕捉，而且捕捉还没有产卵的成体大大降低了它们的野外繁殖率，使得其种群数量下降很快。很多疣螈在热恋中被残忍地成对抓起来，晾干后泡入高度白酒中，这简直太卑鄙了。也有人说，药用只捕捉红瘰和大凉两个品种，对于其他品种似乎威胁不大吧？非然，您别忘了，凡是卖野药的也兼职卖假药物。因为所有疣螈在晾干脱色后样子都差不多，所以非法药材商充分发挥自己的“聪明才智”，做到本地产什么品种就抓什么品种，抓到后晾干都标明是麒麟，再泡到酒里后就更没人分得出来了。就如同人们在抓不到蛤蚧（大壁虎，中药材，Ⅱ级保护动物）的时候就把蜡皮蜥杀了顶杠（也有用红瘰疣螈冒充的）；没有林蛙的时候就把泽蛙扒了皮冒充。总之，往往在我们保护一个物种的时候，一定也要关注一下和它们长得很相像的物种，它们常常也正莫名其妙地受到威胁。

说到疣螈的壮阳功效是否真的存在，我认为，也许会有一点儿，但现在

蜗牛和蚯蚓，是让疣螈尽快适应环境开始进食的好东西。上图为疣螈排泄出的蜗牛壳；下图为正在捕食蚯蚓的贵州疣螈

没有真正公开的科学证实。不过，就算是真阳痿，在科技、医学高度发展的今天，也大可不必食用一种蝾螈来治疗了。疣螈壮阳的药效很可能是这样来的，首先，所有两栖动物在非繁殖季节实际都是无性的，它们不分泌性激素，为的是更好地储存能量。只有繁殖季节到来，受到温度和湿度的刺激，它们才表现出两性特征。特别是陆生蝾螈类，它们的雄性会分泌大量睾丸激素，使得其睾丸部膨胀起来，疣螈睾丸的膨胀比例非常大，看上去和身体很不协调，如同患了疝气一样。这个时期，它们把全部的精力放在了繁殖上，身体里的睾丸激素达到了顶峰。因此，谁食用了它们就有可能间接摄入了睾丸激素，再假设这些激素能被吸收的话，壮阳的作用大概就有了一两分。这也解释了为什么人们要在繁殖期捕捉疣螈。请仔细想一想，当今的医学如此发达，医学家早就通过不同的手段提取出了睾丸激素，比如最著名壮阳药——伟哥。这些药物远比一对蝾螈药效大得多，而且有很多在正规医院、药店都可以买到，但你在医院和正规药店是绝对买不到疣螈的。而且，酒精是否破坏了疣螈体内的睾丸激素也很难说清，疣螈酒似乎只是个样子货。这样看来，成品药更方便，安全。假设服用疣螈就算真的有用，其药力也应当很微弱。我没有试过，因为我也没有这方面的毛病和需求，但我看到所有卖野药的在兜售它们的产品时，都说要把麒麟、海马等一起泡酒才管用，而单用麒麟是没有用处的。所以，就算疣螈真是一味药材，它在用途上也仅仅是辅助作用而已，而我们太没有必要因为这一点点可能有的用途去在疣螈恋爱的“伊甸园”里大开杀戒了。

我饲养过四种瘰螈，除红瘰疣螈是爱好者繁殖出的子二代外，其余三种都是一次搞水生野生动物保护科普宣传时，同野生动物救治中心借来的，当时一边养，一边搞一点人工繁殖的研究。在2004年的时候，我也曾为了展览的需要购买过野生的贵州疣螈，但之后再也不曾买过疣螈，因为除去红瘰外，其他品种实在不值得观赏和展览，饲养起来也没什么乐趣。如果只是为了研究繁殖的话，只搞红瘰就足够了，因为几乎所有疣螈的生活习性都是一样的。

我们先说说红瘰疣螈。在水族宠物领域，它们被称为金麒麟，主要是因为它们身上的三排金红色瘰粒看上去有些像麒麟的背脊和鳞片，便得到了这样祥瑞的名字。在云南的原生地，它们还被称为娃娃蛇，与娃娃鱼（大鲵）的关系，如同小熊猫（浣熊科）和大熊猫的关系。实话实说，这种动物虽然遭受了至少上百年的药用采集，但野生种群仍然不算稀少。只要是繁殖季节，你就会不经意地在丽江和大理的一些旅游景点周边与它们邂逅。不过，这里还要声明：请不要捕捉这些野生动物，如果你被它们的美丽迷倒了，可以回家后在附近的观赏鱼市场寻找，现在已经有很多城市有人工繁育的红瘰疣螈出售了。

红瘰疣螈是一种行动很迟缓的动物，从它们侧扁的尾巴可以看出来，这种动物的游泳能力要比爬行能力强。它们并不能终生饲养在水中，而且成年后很少在水中进食。在刚刚接触红瘰疣螈的时候，让它们尽快地吃东西是件非常头疼的事情。当时，很多人传说这种动物不可能在低海拔的地区养活，它们在北京的家里根本不可能吃东西。我当时对这种传言还真有些相信，因为那些红瘰疣螈大概持续了 1 个月没有进食。我起初认为它们非常紧迫，而且有些水土不服，为了能让这些疣螈尽快适应，我用活苔藓和大量蕨类植物为它们制造了和原生地非常接近的环境，而且使用弱酸性的纯净水饲养，模拟云南山区的水质。但仍然没有收到好的效果。每天晚上，我都会坐下来观察它们，我觉得它们很活跃，有到处觅食物的迹象。它们对放入的蟋蟀却置之不理，即使蟋蟀爬到了它们的口边，它们只是把眼一闭，让蟋蟀自由地走过去。然后，疣螈继续到处寻觅，不知道它们在找什么。

水上的漂浮物周围是疣螈喜欢的产卵场

饲养箱中种植的蕨类植物根系里不经意地夹杂了一条蚯蚓，有天晚上，我正在观察疣螈的时候，蚯蚓因为土壤过于潮湿的缘故爬出来换气。一只疣螈奋力地爬过去，一口咬住了蚯蚓，用了大概 10 分钟把蚯蚓吞到了肚子里。我当时很兴奋，我发现了一个秘密，很多人抱怨红瘰疣螈饲养不活，并不是因为其他原因，而是饵料不对。事实上，后来我才发现，所有的蝾螈都更喜欢长条形状的蠕虫而不是具有六条腿的蟋蟀，蛙类则正好相反。我开始用蚯蚓饲养它们，于是这些疣螈很快就健康成长起来。后期，我还谨小慎微地使用面包虫喂养它们，一样收到了很好的效果。之前，由于传说蝾螈吃多了面包虫容易“烧堂”而从来不敢

下面两图是红瘰疣螈在人工条件下繁殖的幼体

使用，现在看来，给蝾螈喂食面包虫子，除了能让它们的一部分粪便变成白色，并夹杂一些没有消化的虫皮外，并没有其他副作用。对于红瘰疣螈来说，你只能使用蚯蚓、面包虫和其他在夏天你能捕捉到的蠕虫来喂养它们，对于成体的昆虫，即使是刚蜕完皮、白细诱人的蟋蟀，它们也很少去触碰一下。这里要着重说的是，背着房子到处走的蜗牛是疣螈非常喜欢的点心，如果你在夏天雨后看到墙上有许多蜗牛，千万不要错过，多抓一些，这可是给疣螈诱食和滋补的最佳物品。我将这项研究成果发布在网络上，解放了很多像我一样苦于自己的疣螈不吃食的朋友。当然，后来饲养过的红瘰疣螈数量多了，才发现，也有很少的个体会接受个体小于 1.5 厘米的蟋蟀。

在我揭开红瘰疣螈食物选择的奥秘后，饲养它们就不再困难了。实际上，这些视力很差的家伙根本不在乎自己住的地方像不像原生地，那些植物造出的景色完全是供我欣赏的。对于疣螈来说，一个 40 厘米的塑料盒子和一张吸水海绵就足够了，如果你在里面放一个瓦片，它们会高兴地躲藏在底下睡觉。用经过除氯处理的自来水饲养它们也没有一点问题，而且它们对温度的要求比欧洲和北美洲的蝾螈低。夏天，只要能将饲养温度控制在 30℃以下就没有问题，冬天气温低于 10℃时开始冬眠，期间只要温度不低于 0℃就不会冻死。经过冬眠的个体，会在春天给你带来意外惊喜——繁殖。

想要在家中繁殖红瘰疣螈并不是太困难的事情，至少比繁殖树蛙和火蝾螈容易一些。当春天气温逐渐上升到 15 ～ 20℃的时候，它们的生殖腺就开始拼命膨胀了，雄螈在水中游泳的时候，如同挂着两颗“鱼雷”。这个时候你需要一个大水槽，要大到能让红瘰疣螈情侣在里面尽情地游泳。水不必太深，与其使用一个 1.2 米的鱼缸，不如使用 1 米长的塑料整理箱子，那种放在床底下使用的，大概有 15 厘米高。在水槽里放满水，并在一边搭出大概 30 厘米宽的陆地（其实很简单，比如漂浮一块塑料泡沫，或者倒扣一个盆），在这块陆地上铺上苔藓，凌乱地放一些树叶、树枝和瓦片，水中放一些金鱼藻。一定要记住，在傍晚时放入一对生殖腺很膨胀的疣螈，如果顺利的话，它们夜间就会产卵。一次大概产 60 ～ 80 粒，黏附在金鱼藻上。如果放入的疣螈 3 天还没有产卵，那就将它们拿出来单独饲养一段时间，再进行实验。如果长期将成对的疣螈放在繁殖箱里饲养或总把雄性和雌性放在一起，它们是不能产卵的。这种动物的爱情是短暂的，洞房也不需要居住太久。

受精卵可以取出，在小容器中孵化。受水温高低的影响，卵一般在 10 ～ 15 天孵化成带有外鳃的幼体。一般水温在 25℃最理想，两周后，无腿的小疣螈就破卵而出了。可以喂给它们鱼虫（水蚤）和水蚯蚓，注意保持饲养水的清洁，最好每天换一些水。大概 3 个月后，这些小东西就四肢健全

繁殖季节里需要给疣螈一片水域，它们可能会在这里产卵

地登陆了。同一窝红瘰疣螈的体色也有深浅之分，颜色浅的非常美丽，可以保留，然后继续繁殖培育观赏品种。其他的个体可以趁你去云南旅游的时候放归自然，很多爱好者都是这样做的，因为我们实在养不了那么多，而且这个动物没有太多的市场价值。壮大自然种群倒是非常重要的事情，一定要记得，只能放到云南去，放到别处不适合它们生活下去，还可能造成物种入侵。

我也饲养过贵州疣螈和大凉疣螈一段时间，不过没有繁殖成功，现在不再饲养了。贵州疣螈在水族宠物领域被称为火麒麟，大凉疣螈被称为黑麒麟。相对红瘰疣螈，它们的模样逊色很多。虽然贵州疣螈具备红色成排的瘰粒，但黑色如鞋拔子一样的脑袋实在不美观。远远看去，它们就像是一节燃烧的木炭。而大凉疣螈小的时候（15 厘米以下）还算漂亮，身体全黑，眼后有两个红色的斑点，爪尖是红色的，翻过来尾巴下面还有一条从肛门到尾端的红线。不过，当它们生长得越来越大后，就很不好看了，身体越来越扁平，整体看上去像个鞋拔子。大凉疣螈确实有药用价值，所以它们在所有疣螈中受威胁最大，数量最少。

应当尽量让野生疣螈们生活在自己的家乡，那些凉爽湿润的山区林地。上图为大凉疣螈的产地

贵州疣螈和大凉疣螈的饲养方法、食性以及繁殖方式与红瘰疣螈基本相同，它们的成体比红瘰大，而且较胆怯。如果不是特殊研究需要，研究单位和个人都大可不必饲养这两种动物，还是让它们在自然界中悠闲地生活吧。

这就是我的小鲵的饲养环境，一个40厘米的整理盒

东北小鲵

一个吉林的两栖动物爱好者，繁育了一些东北小鲵，他送了我3只来养，看看这种动物能否在北京培育出子二代。我很欣然地接受了他的礼物，并将繁育小鲵作为一项任务。很遗憾的是，直到结稿，我仍然没有得到子二代的个体。小鲵在今年4月产了一些卵，但可能是雄性还未完全成熟，卵并没有受精。我只能寄希望于明年春天了，因为随着初夏的到来，小鲵就必须进入恒温酒柜子避暑了。

小鲵是一种很另类的动物，它们在两栖动物家族中单成一类，既不是严谨意义上的蝾螈，也不是大鲵。在生有尾目下单分成一科——小鲵科。在得到赠送的小鲵前，我从没有想过饲养这种两栖动物，即使是在负责两栖动物展览的时候也没有把小鲵作为馆藏动物的计划。虽然这种动物品种很多，而且有些品种的野生种群也不算少，但它们仍然是自然界中的弱势群体，稍有不慎就会滑到濒危动物的范畴里，在我的脑海里一直认为小鲵要比大鲵更脆弱。它们的所有种都不具备鲜艳的颜色和巨大的个体，而且是躲藏的高手。作为观赏动物来饲养，是没有什么价值的，若是为了在公共场所展览，以证明生物的多样性，一幅精美的图片就足够了。2011年，我在吉林参加全国水生野生动物保护区的培训会时，只要一有机会见到鸭绿江自然保护区管理局的焦局长，就会向他打听保护区里小鲵的情况，问他是否在保护区里经常看到小鲵。我的这些问题，问得他有些莫名其妙，不知道我到底想知道什么。因为那个保护区是以保护细鳞鲑和一些其他冷水稀有鱼类为主的，小鲵只是一个边缘品种。实际上，小鲵在吉林省的东部还是很多的，从费梁先生的考证上可以看得出来。不过，我没有见过它们在野生状态下是什么样，也很少有人知道我是一个两栖动物爱好者。在吉林的整个会议期间，我都想去保护区看看，可人小职微，无法提议。接待方安排了去查干湖、成吉思汗昭和一个忘记了名字的寺庙观光。我虽是蒙古族人，但对纯为旅游而用成吉思汗名头建设的旅游景点以及那个庙宇并不感兴趣，查干湖还算是有收获的地方。当人们都去游船上欣赏湖水的美丽时，我就偷偷地溜到了芦苇荡边上去寻找野生动物的痕迹。成群的黑头鸥在那里繁殖后代，当我进入了它们的领地，像蚊蝇一样多的成鸥便飞起来向下俯冲，似乎要啄我的头。我一边拍照，一边保护自己和镜头，所以没有得到一张清晰的照片。后来，这些鸥开始向我拉屎，成批的粪便从天上落下来，弄了我一身，相机上也到处都是。这些鸥太聪明了，它们知道“歼敌机”对我没有效果，就改为了“轰炸机”。

小鲵个体不足8厘米，只能喂给红虫和水蚯蚓

在芦苇荡的边缘，我终于发现了两只泽蛙和一只蟾蜍。有点滑稽的是，我当时竟然很高兴，虽然是极普通的两栖动物，对我来说也如在侏罗纪公园里第一次看到活的梁龙一样。至少，我还是在这片环境优越的湿地看到了两栖动物，虽然它们不是小鲵。剩下就是水中成片的槐叶萍和眼子菜了。晚上的招待宴上，我喝多了，后两日头一直疼，既没有时间也没有精神再去芦苇荡周围去寻觅野生动物的踪迹了。

虽然我没有见过小鲵在野生条件下到底是什么样子，但我知道凉爽、湿润和布满苔藓的环境是它们最理想的家园。因为我的小鲵是夏天得到的，所以到家几天后便有一只死去了，可能是运输过程中过度炎热，让它害了病。剩下的两只是一雌一雄，也算是不幸中的万幸。因为是人工繁育的幼体，它们起初只有 2 ～ 3 厘米，小得我无法用手抓起来。用什么食物来喂养是个很大的挑战，不用说针头蟋蟀和面包虫了，就是红孑孓它们也吃不下去。只能用线虫（水蚯蚓），这种常用来喂鱼的淡水寡毛动物很脏，它们生活在有污染的河流的淤泥里，必须反复投洗后消毒，再反复投洗掉残留的消毒液才能使用。我的小鲵就是吃这种麻烦的食物生长到了 4 厘米，到了深秋，它们已经可以吃红孑孓和小的面包虫了。不过，小鲵似乎对昆虫不感兴趣，虽然针头蟋蟀是要比红孑孓还小的饵料，但不论我放入饲养盒里多少，小鲵都置之不理。

我一直用一个长 35 厘米，宽 20 厘米的整理盒饲养小鲵，我认为那样的空间已经足够了，因为成年的东北小鲵也不过 6 ～ 7 厘米大，它们似乎很满足，正如前面说的，这对夫妇还在盒子里产了卵。盒子里用一块长 15 厘米，宽 10 厘米的海绵作为陆地，后来还在上面放了一些苔藓，两片碎花盆是重要的躲避处，其他地方都是 2 厘米深的矿泉水。之所以不用自来水，是因为我家的自来水总是含有少量的金属离子和氨氮物质，而我想小鲵是生活在清澈山泉里的动物，从长白山上融化下来的雪水一定比较纯洁。

小鲵很善攀爬，去年夏天，其中一只曾逃逸 3 次，它借助自己的潮湿肚皮在光滑的塑料盒壁上形成摩擦力，向上爬到盒子边缘。盒盖与上缘间有大概半厘米的缝隙，当小鲵还不足 4 厘米的时候，体高也就半厘米，所以那缝隙足够它逃跑的。不过，它只能跑到恒温酒柜子的底部，因为酒柜的门没有任何缝隙，而且非常沉重。这样，逃跑的小鲵没有干枯而死亡，也不会彻底失踪。

冬天，我把小鲵的饲养盒放在阳台有光线的地方，用饲养金鱼的方法来调节里面的水质，当大量的绿色藻类挂满了饲养盒壁的时候，凭我养鱼的经验，那水质已经好到了极致。这样，换水量也小了，省下的矿泉水，我也可以喝一点儿。冬天阳台，5 ～ 10℃的环境，让小鲵非常活跃，它们只在春节前后才大约冬眠了 10 天，然后又开始在盒子里爬来爬去。当户外每日最低温度上升到 0℃以上后，它们就产卵了，卵囊是螺旋状的，里面大概有 20 颗深褐色的“蛋”，但那蛋没有受精，不久就融化了。

随着生长，东北小鲵皮肤上大概 1/10 毫米大的小白点越来越多，这可能是成年的标志，那白色的点最终布满全身，而且透过皮肤似乎还有一些光泽，于是我给它们起了个爱称，叫“满天星”。如果，明年春天它们再产卵的话，我也许就会完成我的“任务”，我最想做的是再去次吉林，把小鲵一家老小放回自然保护区，它们既无法做我的宠物也不是一种观赏动物。

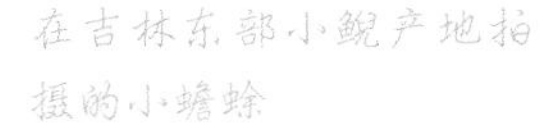
在吉林东部小鲵产地拍摄的小蟾蜍

盒子　笼子　箱子

起初神创造天地。地是空虚混沌。渊面黑暗。神的灵运行在水面上。神说，要有光，就有了光。神看光是好的，就把光暗分开了。神称光为昼，称暗为夜。有晚上，有早晨，这是头一日。……神说，水要多多滋生有生命的物，要有雀鸟飞在地面以上，天空之中。神就造出大鱼和水中所滋生各样有生命的动物，各从其类；又造出各样飞鸟，各从其类。神看着是好的。神就赐福给这一切，说：滋生繁多，充满海中的水，雀鸟也要多生在地上。有晚上，有早晨，是第五日…… 《圣经·创世纪》

这就是最早的两栖饲养箱，它是一个种植有湿地植物的玻璃瓶。人们坐在桌边欣赏里面的小世界，于是这种容器就有了一个响亮的名字——上帝的水晶球

想一想，自己亲手创造一个世界，看这“世界”里的万物和谐发展，那该是多么奇妙的事情啊。千百年来，人类征服自然、改造自然的脚步从未停止过，当然也包括复制小型自然环境。有的时候，观赏动物的美并不是单独存在的，它们只有生活在相应的环境中才能显现出格外的赏心悦目。还有些动物根本不美丽，可一旦它们在野生的环境中爬行、蠕动或飞行，整个画面就突然让人眼前一亮。我们必须承认，自然系统是一种难以深知的杰作，我们能看到所有生命（包括我们在内）在适合自己的环境中蓬勃发展，谁也不会选错角色和位置，生态的每一个环节都紧密有序。就像博物学家布封所说的那样，“每种动物都是大自然制作的作品，而人是其中的精品”。从人类文明诞生的那时起，我们除去对“精品”的暧昧外，还发现其他“作品”也有它们精湛的一面。直到今天，大多数人不但会对大街上路过的美女帅哥“蓦然回首”，也会去欣赏动物和植物的美丽和优雅。

当然，两栖动物也是值得欣赏的一类，那么用什么来饲养它们呢？又怎样通过饲养器具，来欣赏它们在自然环境下的和谐美呢？这也许不是太复杂的问题，只要有逛过宠物水族市场的人都能回答，“用塑料盒子”。不错，商店里的两栖动物就被饲养在一个一个的盒子里，那么我们就先从盒子说起。

盒　子

当人类文明进入公元 17 世纪后，博物学收藏爱好在欧洲大多数国家里悄然兴起，许多民间科学爱好者和富有阶层开始到处搜罗动物标本。如同收藏其他动物一样，人们也需要两栖动物。由于两栖动物没有可以遮掩皮肤缝合线的毛或羽毛，很难如同哺乳动物和鸟类那样被制成标本后仍然栩栩如生。于是，对养活两栖动物的需求普遍存在于科学家和爱好者当中，人们不愿意总看被甲醛浸泡得失去颜色的青蛙标本。

把标本柜改造成可以饲养活体的动物箱子，曾经是个突破性主意，这个创举发生在 18 世纪。这种当时被称为自然珍宝箱子的器物，后来逐渐发展成了动物饲养箱子，在 20 世纪以后又正式诞生了它的几个不同分支，即陆生箱（terrarium）、水族箱（aquarium）、昆虫箱（insectarium）、蚂蚁城堡（formicarium）、沼泽箱（paludarium）以及河岸箱（riparium）。其中沼泽箱和河岸箱是专门为两栖动物开发的，陆生箱和水族箱则可以兼养两栖动物。但考虑到沼泽箱和河岸箱也可以看做陆生箱的不同形态，所以现在的两栖动物饲养盒子一般只用 terrarium 来表示。

专用的两栖爬行动物饲养盒是 20 世纪 80 年代以后被发明的，最早在欧洲和美国出现。这要归功于塑料工业的飞速发展。较透明的塑料材质在 1985 年以后已经容易得到并不再昂贵，年纪大一些的朋友也许还记得，在那个年代以前，废塑料制品在废品回收市场上要比旧报纸还高。随着时代的发展，现在的废旧塑料几乎已经一文不值。我们还在回收塑料制品的重要原因是出于对环境的保护目的。

两栖爬行动物饲养盒或者称为爬虫盒，由一个透明或半透明的塑料水槽

国内生产的饲养盒多数有花花绿绿的盖子，看上去像儿童玩具，摆放在家中，显得很凌乱

和一个具有许多网孔的盖子组成，为了饲养方便，有些盖子上还安装了喂食孔和电线输出孔等。饲养盒有多种尺寸，从10厘米长的到60厘米长的都有，但没有更大的。进口品牌的主要有希堇（Hagen）和Zoomed，价格是国产盒子的5～10倍，它们的性能和质量没有太大差异，但很多爱好者（包括我）还是喜欢承受高额价格来购买进口的。主要是从欣赏角度上考虑，希堇和Zoomed的饲养盒盖统一用黑色，当将多个盒子陈列在一起的时候显得十分整齐。由于黑色是一种包容的颜色，黑盖子的盒子与不同的家居环境都能协调。国内的器材生产商似乎要比老外的思维更活跃，没有任何一款国产饲养盒的盖子是黑色的，就连白色的也没有。通常，这些盒盖的颜色五花八门，都是极鲜艳明快的颜色。大红、明黄、宝石蓝、葱心绿应有尽有，如果这些颜色用来渲染节日气氛倒是很抢眼，但它们无法与家居环境协调起来，而且摆放在一起会显得十分杂乱，让人看了就心烦。我并不是崇洋媚外，使用黑盖子的饲养盒，只是为了让饲养环境更整齐，在欣赏动物的时候不受到比动物更鲜艳的颜色所干扰。

相比下，进口的饲养盒统一使用了黑色的盖子，这显得专业了很多，但它们上面过多的通气孔，仍然不适合保持湿度

塑料饲养盒并不适合长期饲养大多数两栖动物，应当说除角蛙外，针对其他两栖动物饲养盒都只是一种暂时存放的容器。其原因有三点。一、制作饲养盒所使用的塑料硬度不强，在长时间的刷洗清理后，上面会有许多划痕，影响欣赏效果。二、这种盒子是为两栖动物、爬行动物和蜘蛛等观赏用全体爬虫通用设计的，其包含了要为爬行动物提供足够的通气孔设计，这种设计并不适用于多数两栖动物。蛙和蝾螈对环境通风的要求上没有陆龟和蛇那样高；相反，过度的通风会让环境干燥得很快，影响它们的健康和活跃程度。三、要想长期饲养两栖动物，就需要在其生活环境中加入一些电器设备，比如冬天的加热装置、夏天的制冷装置、照明和喷淋装置，而一个塑料盒子并不支持安装多样用电设备。虽然有些盒子也设计了电线穿孔，

但长时间在塑料材质里使用加热装置是不安全的，电线本身也有可能因为老化的问题产生比较大的热量，一旦烤化塑料就可能出现安全事故。

有经验的两栖动物饲养者和养殖场，从来不使用成品爬虫饲养盒，而是转用日常家居所用的塑料整理盒代替。这种盒子尺码更多，从10厘米的到100厘米以上的都有，可以适应不同个体两栖动物的需求。而且，它们的盖子没有设计通风孔，需要或不需要通风孔，需要多少个通风孔完全是饲养者自己说了算。要想让盒子里干燥一些就用电钻在盒盖或盒侧面多打几个孔；反之，则少打孔。考虑到成本，整理盒不会使用高度透明的塑料来制作，它们并不是很好的欣赏器具，你要欣赏两栖动物的时候，要么打开盖子，要么把动物拿出来。同样，整理盒也不支持安装电器设备，但是它们天生就是为了能整齐地码放起来设计的，几十个摞在一起也能整齐有序，并消耗最小的空间。所以，我们可以将整理盒放到更大的温度控制环境里（比如恒温柜），保持它们的温度。

在饲养大多数两栖动物时，一个整理盒（箱）要比专用的爬虫饲养盒更能创造出适宜的潮湿环境

笼　子

人们一般认为笼子只是用来养鸟和哺乳动物的，但如果你生活在潮湿的南方，或者有自动喷淋设备，笼子是夏天饲养两栖动物的最好工具。和冬天不同，夏天温度高、湿度大，对于饲养环境来说降温要比加湿更重要，要知道多数两栖动物都不能忍受30℃以上的高温。但是，鸟笼和兽笼并不能用来饲养两栖动物，市场上现在还没有专用的青蛙笼，要想用笼子养两栖动物，就要自己做笼子。

我曾经做过几个笼子，用来养树蛙，从 30 厘米高度的到 150 厘米高度的都有。材料很简单，就是木条和纱网。在制作 150 厘米高那个笼子的时候，为了考虑到欣赏的方便，还在正面安装了玻璃门，这让笼子沉了很多，移动起来不是很方便。在我生活的北方城市，笼子只能在夏天使用，并且要每天向里面喷水 5 次以上来保持湿度。如果不是为了需要空间高度才能产卵的树蛙，也许我根本就不会考虑做笼子。但是，做笼子是一种很好的业余锻炼，看上去简单的木工活，真做起来，要想横平竖直还是要下一番工夫的。笼子的制作过程就是先将木条钉成一个长方形的框架，再将纱网绷上去，门要单独做，然后用合叶安装上去。虽然做那几个笼子的时候费了我不少的力气，但没有什么可写的。笼子的好坏和美观程度，完全取决于你的技术经验，如果你不是木匠出身，些许要连续做 3 ～ 5 个才能入门。

制作一个夏季用来饲养大型树蛙的笼子，让我学会了很多木工技术

箱　子

饲养箱是两栖动物的主要饲养器具，也是两栖生态造景的容器，因为用饲养盒和笼子造景都是不现实的。从理论上讲，配合有生态造景的玻璃饲养箱才是正宗的“terrarium”。

英文“terrarium”一词是从 vivarium（拉丁文，字面上的意思是：“生命的地方”）发展而来的，后者泛指所有饲养箱。而 terrarium 强调了陆地生态，重视动物和植物的配合饲养，以及箱内环境是否与自然现象相匹配。现在已经很难说清楚，生态饲养箱具体诞生于哪一年。但其历史肯定要比水族箱早。广意的生态饲养箱还可以是巨大的，比如现代一些动物园和植物园中的热带雨林馆，它们的前身是植物温室。蔬菜温室早在 1000 多年前的中国就出现了，如果当时的种植者曾经观察和欣赏过蔬菜的成长过程，那么这应当就是大型陆生箱的祖先了。比较接近饲养箱的早期温室，应当首推达尔文在党豪斯的科研温室。为了完成物种起源的研究，他在里面培育采集于世界各地的奇特植物，并观察它们的生长变化。实际上，达尔文本身就是一个博物学收藏家，就是由于他早期对各种动物和植物的狂热收集欲望，才成就了他的《物种起源》。饲养在温室里的各色植物，不但对他的学术论文具有帮助，还给他的晚年生活带来不少快乐。直到现在，当年被达尔文饲养观察的许多植物仍然是“饲养箱迷们”炙手可热的品种，比如：空气凤梨和食虫植物。

应当说，从 18 世纪到 19 世纪初，饲养箱都是木制的，在欣赏面镶嵌玻璃。今天，木箱仍是饲养蛇、蜥蜴和许多奇特植物的重要工具。之后，玻璃的出现和广泛使用，为饲养箱的进一步发展奠定了重要基础。因为木制的饲养箱只能饲养耐干旱的动物和植物，并且箱体内部得不到充足的光照。玻璃饲养箱可以保持水分，阳光可以穿过通透的玻璃外壁。19 世纪 30 年代，伦敦的一个外科医生，纳塔尼尔·巴格沙夫·沃德发现敏感的蕨类植物可以在几乎密封的玻璃容器中繁殖得很好，玻璃阻隔了外界的温度和湿度变化，而且有效地使水在封闭环境中得到重复利用。这种小温室很适合当时没有地方建设大型温室的人群饲养，还能饲养一些对环境要求苛刻的植物。人们称它为“微型花园”。1841 年，沃德还把这种饲养方式运用到了饲养水草和观赏鱼上，也取得了巨大的成功。就此，现代陆生饲养箱宣告诞生了，同年还有一个孪生兄弟出世，那就是水族箱。“沃德水箱”满足了封闭小生态的理念，并且第一次将这种理念以文献的方式提出来。

到了 20 世纪 70 年代以后，水族箱工业蓬勃地发展起来，水族箱进入了电器化时代。维持一个水环境的稳定发展，更需要外力的介入。自然界的水

我在公众水族馆工作时，设计的两栖动物展馆是由许多大型饲养箱组成的。在那个年代里，没有地方可以查询到相关的案例，所有一切都要靠自己对自然的理解和对水、光、温度的调节技术研发

之所以保持清洁，是因为它们不断地流动和循环。起初，水被它孕育并生活在其中的生命弄得脏兮兮的，称为污水。污水流过开阔区域，其中的杂质得以沉淀；流过沼泽，丰沛的植物吸收消化了水中的化学污染；然后，水被蒸发，把身体里最后一点尘埃留给大地；当水以雨的形式落回大地的时候，它们是那样的清洁美丽。水要完成这个蜕变，靠的是地球引力和地貌的高低起伏，以及太阳热量的蒸腾作用。在水族箱里，这些很难做到，必须引一个外力进去带动所有的水流动循环起来。这个外力就是“电”。电动水泵让水族箱里的水不停流动，流过过滤棉，杂质得到了沉淀；流过水草时，那便如同自然界的湿地沼泽；流过陶瓷环群，在那里产生了复杂的生化作用；最终，水清洁了。

陆生饲养箱里的环境不像水族箱里那样脆弱，而且空气的流动比水的流动要容易很多，即使没有泵的带动，在温差条件变化下，箱内的清气和浊气也能自由流动，去它们该去的地方。不过，和水族箱一样，陆生箱也需要补充光源和温度控制的介入。在陆生箱内安装电子照明设备和加温设备，应当是从水族箱那里学来的。因为水族灯和加热棒比爬虫灯和加热毯的历史更悠久。加热灯、植物灯、UV-B 等、加热毯、加热石、小型水泵的逐步发明，给予了陆生饲养箱一次又一次的新活力，所以现在的陆生饲养箱已经能饲养对环境要求非常苛刻的两栖动物了。

现在能在宠物水族市场上购买到的饲养箱子品种和款式很多，其中大名鼎鼎的还是由希谨和 Zoomed 公司开发的产品，它们价格很贵，但销售很好。哪里有利润哪里就有模仿。这几年里，国内的陆生饲养箱工业也发展起来。起初，陆生箱主要由一些大型的水族箱生产企业生产。因为它们有足够完善的塑料铸模车间，能低成本批量生产陆生箱框架，而完善的水族箱黏合车间处理起不需要考虑水压的陆生黏合简直是小儿科的技术。但这类由水族企业生产的陆生箱并不太好用，因为水族箱生产者不充分了解爬虫的需求。随后，一些爬行动物爱好者成立了自己的小公司，开始繁育爬行动物并用型材加工一些虽然简陋但实用的饲养箱，这些饲养箱由于价格低廉、使用方便，具有很大的市场。一直到现在，每年仍有多家新兴的爬虫箱生产厂在国际宠物水族用品展上亮相。

很遗憾，不论是进口的还是国产的，也不管是大厂家生产的还是小作坊制作的，国内市场上能见到的饲养箱，没有一款是专门为两栖动物设计的。国外有，但考虑到价格接受能力和两栖动物爱好的小众，没有人愿意进口。

进口的饲养箱看起来很美观，用来饲养蜥蜴和乌龟是非常实用的，然而对于两栖动物来说，箱子内部太容易干燥了

为爬行动物设计的饲养箱和饲养盒存在的问题一样，都是不容易保持湿度，而为鱼设计的水族箱虽然可以充分保持湿度，却不能形成良好的空气流通，要是能把这两个产品结合一下就好了。那就自己动手改造或者制作吧，这也是饲养两栖动物所带来的快乐之一——你总能自己发明和改造饲养设备。

两栖动物需要湿度大，并且有一定空气流通的环境，把水族箱的上盖变成具有通气孔的盖子，或者在侧面玻璃上开孔都是好办法。也可以把爬虫箱的通气孔堵上一些，并用玻璃胶对箱子底部进行防水处理。如果要自己制作，也不是太难。我在这里提供一些图纸，你可以让附近的玻璃店帮你粘。

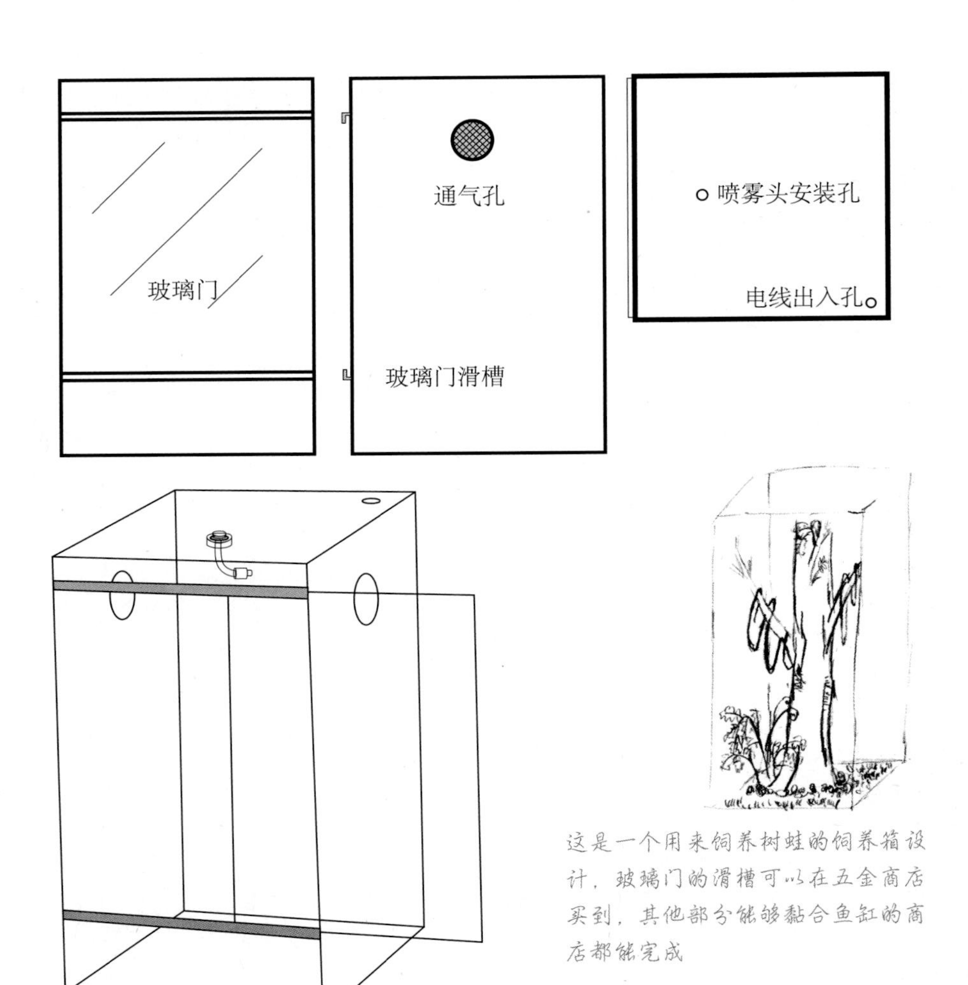

这是一个用来饲养树蛙的饲养箱设计，玻璃门的滑槽可以在五金商店买到，其他部分能够黏合鱼缸的商店都能完成

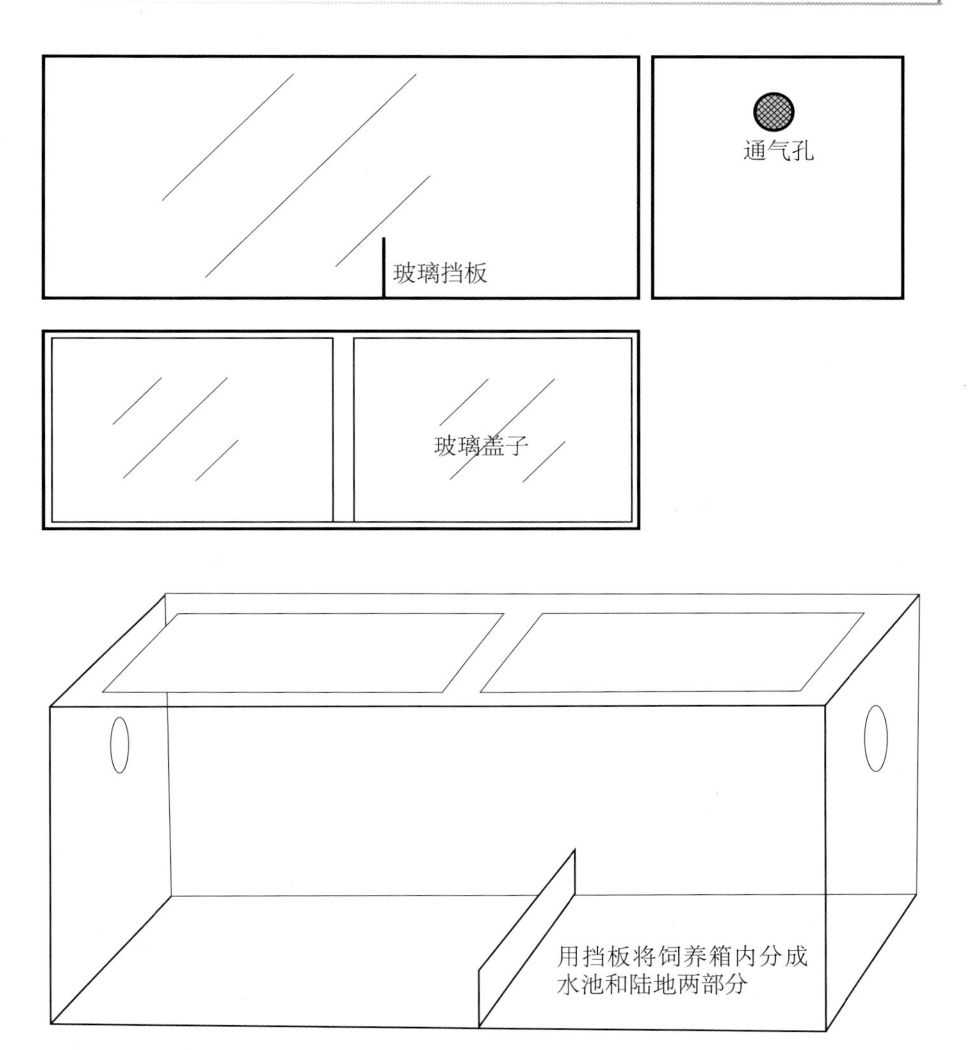

这是一个用来饲养沼泽生两栖动物的饲养箱，一半陆地、一半池塘，可以防止过于干燥，而且为两栖动物提供了繁殖场所

要想维持饲养箱里长久的生态系统平衡，并让动植物蓬勃生长，设计一套完善的维生系统是十分重要的

维生系统

如果你单是在饲养箱里垫上一块海绵来养角蛙，那看这一段是多余的。假如你正被两栖生态造景色所吸引，了解一个饲养箱内部的维生系统是非常重要的。在自然界里，万物的生长离不开光、水、氧以及适应的温度。对于两栖动物和两栖动物生态饲养箱里的生物来说，由于它们生活在你为它们创造出的小环境里，你就必须要负责到底，给它们提供适宜的生命维持系统，简称维生系统。维生系统的说法最早来自公众水族馆的大型水族箱，由于这些水族箱的正常运转不是靠一项设备可以满足，必须要多种不同功能的设备相互协调运转才能达到目的，让鱼类、无脊椎动物和植物健康生长。养殖人员把这些设备总称为生命维持系统。

随着家庭水族箱的发展，越来越复杂的设备被综合地使用到了上面，于是小型维生系统诞生了。现在，这种系统也被使用到了两栖动物生态饲养箱中。大概是2003年前后，德国、美国和中国台湾地区就已经有人这样运用了，2005年后，欧美一些爬虫设备企业还开发出了集成性的箭毒蛙、树蛙生态饲养箱。它的外形更像一个有玻璃门的冰箱，里面的温度、湿度是恒定的，并配有强大的水处理设备和人工光源。刚才已经说过了，由于这种箱子价格昂贵，受众群体小，没有被国内的贸易商进口，也没有国内的生产厂研究或效仿生产。很荣幸地告诉读者朋友，我的确调查过，在两栖生态饲养箱上配备包括光源、温控、湿控和水过滤系统的，我可能是第一人了。成就我的原因是，两栖动物爱好者太少，同时是观赏鱼和海洋无脊椎动物爱好者的两栖动物爱好者更少。既对水生动物感兴趣，又从事过专业工作的还要少。这并不是什么伟大的发明，只不过是我比多数爬虫爱好者更懂水族，比多数水族爱好者更懂爬虫罢了。

在介绍维生系统上，首先要谈的是光。万物生长靠太阳，离开了光照，生命也许就会毁灭。在一个完美的两栖生态饲养箱里，大量的植物是非常重要的，它们为箱内提供充足的氧，同时吸收溶解在水和土壤中的两栖动物排泄物。不论是苔藓、蕨类还是积水凤梨都离不开光照。早期的人们，必须把两栖生态箱放在能得到阳光照射的窗台上，但太阳光在夏天会让饲养箱内的温度直线上升到50℃，于是那些植物和动物就都被闷死了。如果把箱子挪到没有光照的地方避暑，在一个夏天里，里面的植物也会因为没有光照而枯萎死亡。所以，人工光源被使用前，两栖生态箱里景观再漂亮也是暂时的，它们只能用来欣赏一个冬天，在夏天的时候枯萎死亡，入秋后从头再来地栽种。人工光源，让我们的两栖生态箱能四季如春，那什么样的光源最适合两栖生

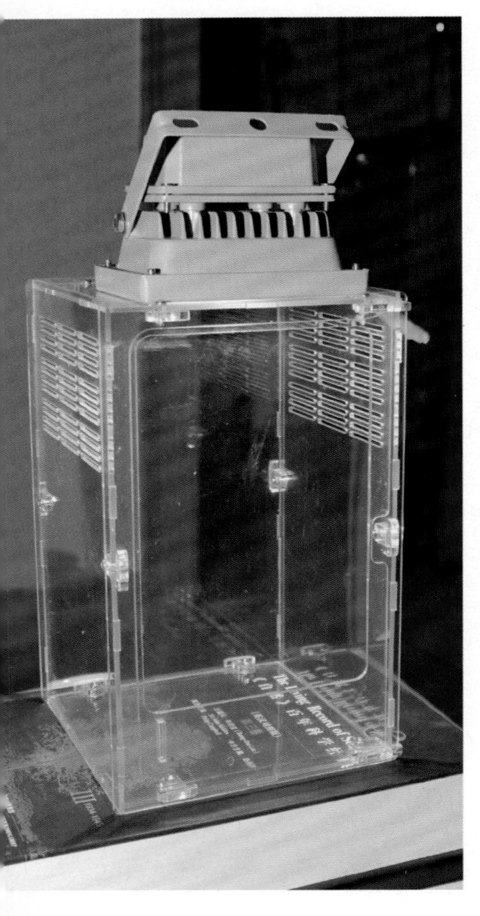

现代科技的发展让照明设备向着节能高寿命方向发展，以前这种小于 30 厘米的饲养箱很难安装照明设备，现在则可以选用 LED 灯具了

态箱呢？

荧光灯和金属卤素灯都可以，前者适合小型生态箱，后者适合饲养有需要强光植物的大型生态箱。注意，我所说的大型是指长度 2 米以上，高度在 1.5 米以上的箱子。给任何小于 1 米的饲养箱使用金属卤素灯都是危险的，它在小环境中散发出的热量比太阳还危险。

荧光灯很早就被使用到了水族箱领域，并且从一种简单用来照明的工具发展出了能满足多种水生生物需求的设备。比如单独用来饲养水草的、用来饲养海洋无脊椎动物的、用来为鱼增色的等。对于两栖动物饲养箱来说，所需要的光源并没有那么复杂。普通的三基色全光谱荧光灯管就足够用了，如果你愿意破费使用水草专用红波长偏长的粉光荧光等（水族领域里称为卤素灯管或水草灯管），那么两栖生态箱里的植物会生长得更好，特别是苔藓和蕨类会飞快地长满整箱。当然，不同植物对光强度的要求也是不同的，你要根据植物的需要增加或减少使用灯管的数量，这方面我会在后面的植物部分详细说明。

金属卤素灯在 20 世纪一开始就被运用到了水族箱领域，最早是英国的阿卡迪亚公司开发出了专门用来饲养珊瑚的高色温金属卤素灯，由于欧洲对野生海水鱼贸易的限制，再加上能够人工繁育的珊瑚从 1980 年开始就在欧洲和美国逐渐成为水族箱领域的主流爱好。阿卡迪亚公司的研发取得了很好的市场效果，随后，许多水族器材厂开始研发生产水族箱专用的金属卤素灯，到了 2005 年后，金属卤素灯还被使用到了水草栽培领域。金属卤素灯比荧光灯具有更强的照度（灯具用流明值来衡量），而且光线内含有的紫外线更多，由于其属于点光源，强力的光线可以穿过的水深度远比荧光

使用饲养水草用的荧光灯管，可以让饲养箱内的植物蓬勃发展，特别是那种偏粉色的灯光能被绿色植物充分利用

灯高得多，所以现在大型水族箱都是用金属卤素灯来照明的。关于金属卤素灯的发光性质和原理这里不多做赘述了，感兴趣的朋友可以自己查阅，或者参考我的另一本书《礁岩水族箱》。

金属卤素灯对于在两栖生态箱里饲养如凤梨、捕蝇草、瓶草等需要高光照的植物来说，是非常重要的。在高度高于80厘米的饲养箱底部生长的植物，即使使用再多的荧光灯也很难满足它们的强光需求。不过，金属卤素灯最大的问题是能释放出巨大的热量，在一个10平方米的房间里，冬天开两盏150瓦的金属卤素灯就不用安置暖气了。一旦选择了使用金属卤素灯，就必须同时为饲养箱安装降温度和通风装置。下面我们再谈一下温控与通风装置。

温控与通风装置是两栖生态饲养箱里比较复杂的一套系统，包含的元件很多，而且要根据不同饲养动物的需要调整使用设备。基本上这些通风和温控装置包括：散热扇、小型半导体制冷片、冷水机、加热灯、加热垫等。关于它们的设置和使用，必须逐一进行介绍。

1．散热扇

它是最早被使用到两栖生态饲养箱上的，通过风扇的运转将箱内的湿热空气强行排到箱外，受到负压影响，箱外的新鲜空气会通过箱子的一些缝隙压回箱内。目前并没有单独为两栖饲养箱设计的风扇，我们通常使用的是计算机机箱的散热风扇，小型的饲养箱也可以使用CPU的散热扇。这些风扇是12伏特电压的，安装后还要配备质量好的变压器，不要图便宜购买地摊的产品，变压器在长时间运转后会非常热，如果质量不过硬，就有引发火灾的危险。风扇最好安装在饲养箱的中上位置，因为热气往往都是聚在上方的。使用的时候一定是向外排风，而不是向内送风，即使很小的风扇送入箱内干燥空气也能让饲养箱局部过度干燥，造成苔藓、蕨类等植物的死亡。

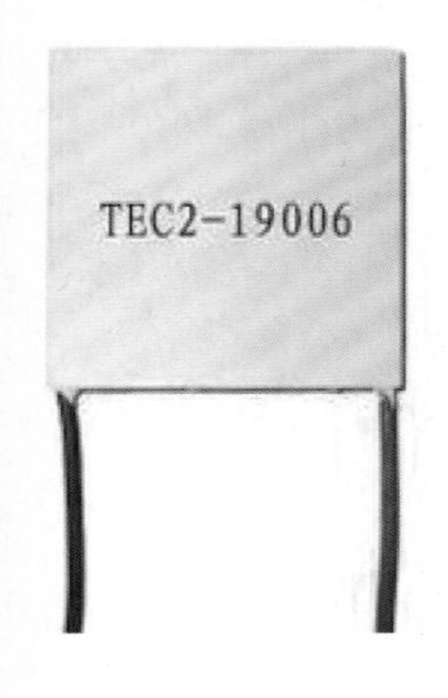

在中国大部分地区，夏天为饲养箱配备散热风扇都是非常重要的。当室内温度达到25℃以上时，封闭的饲养箱内温度可能就已经达到28℃以上了。如果再加上照明设备的散热，箱子内的温度会骤然上升到30℃以上。在北京，每年5月1日后饲养箱温度就能达到这么高，而直到10月20日后饲养箱内温度还是能停留在28～30℃。必须要到11月15日居民正式供暖后，饲养箱温度才恢复到20℃左右。南方城市的爱好者会更遭受饲养箱内闷热的困扰，因为当温度上升到32℃以上后，大多数植物停止生长了，如果温度再高就会出现局部腐烂现象。所有两栖动物也都不能长时间生活在这样的温度下，即使是热带的蛙类，对温度适应的上限也仅仅是30℃。

当然，散热风扇能起到的降温幅度是非常有限的，它的降温原理完全是靠箱内气流流动带动水蒸发带走热量。在小饲养环境里解决耐热的树蛙和丛蛙类还是够用的，若要在夏天饲养蝾螈，风扇所带来的那一点点凉爽简直是杯水车薪。所以，要研究更高级的降温设备，给饲养箱安装个小空调也许是不错的选择。

上图：散热风扇

中图：半导体制冷片

下图：自己开发的小空调

2．小型半导体制冷片

这个设备就是给两栖生态饲养箱安装空调的核心元器件。把它夹在两个温度传导片中间，再安装上大小两个风扇，一个“土空调”就制造成功了。美国和德国的两栖动物爱好者早就享受了这种设备给两栖动物饲养带来的方便，它们商店里的两栖动物专用饲养箱已集成的半导体制冷设备。我们这里没有这种箱子出售，所以要学习自力更生，自己开发生产。

我先后制作过3组这样的制冷设备，第一组非常不成功，由于风扇震动和热传导片产生了共鸣，饲养箱变成了这个发声器的音箱。于是，那个时候我整夜不能睡觉，总觉得自己睡在机场的跑道上。后来，我对自己的发明加以改进，在散热片和风扇之间安装了橡胶垫，声音虽然下来了，但由于外侧的散热部分过热而把橡胶烤糊了，差点着火，现在想起来都后怕。之后，我遍访京城电子市场，才找到了绝缘耐热的胶木软垫，解决了这个小空调的噪声问题。

在炎热的夏天，室内温度在30～35℃时，一个功率12瓦的半导体制冷片，配合2.5瓦的小风扇可以将一个长30厘米，宽30厘米，高60厘米饲养箱内的温度维持在20～23℃。这个温度对于蛙类已经非常理想了，如果饲养蝾螈还要加强降温幅度。我曾用两片12瓦的制冷片配合5瓦风扇为一个长60厘米，宽30厘米，高25厘米的蝾螈饲养箱降温度，在那个夏天里，箱子里的温度总是能控制在18℃左右。这种土空调的唯一问题是在制冷的同时会有水冷凝到小风扇上，一旦水滴到风扇的轴承里就会造成短路。如果使用防水风扇，成本又太高。使用的时候，必须每天关闭一小时进行安全检查，去掉风扇上面的水珠（有时候还可能是冰霜）。

3．冷水机器

如果你没有能力为蝾螈制作“土空调”，那么让它们在水中避暑也是好的选择。当然，现在我都是在夏天将蝾螈放到恒温柜里，如果只饲养一两只，为它们使用一个大恒温柜就不太合适了。控制水处于冰冷的温度要比控制空气容易许多，因为在水族市场上有现成的冷水机出售。不论是压缩机型的还是半导体型的冷水机，只要按照其说明上所介绍的处理水量使用，都能将水温控制到16℃左右，这对蝾螈已经足够了。像大鲵、肥螈、红腹蝾螈这样水生的品种，会很高兴泡在冷水里，而对于陆生蝾螈来说，必须要考虑给它们提供一片高出水面不足1厘米的“陆地”，冷水也能让饲养箱下层的温度变低，所以这陆地不能太高。苏轼说：“高处不胜寒”，对于夏天的两栖饲养箱来说，是“高处不胜热”啊！

4．加热灯

这种设备通常被使用到爬行动物的饲养箱上，即使是在炎热的夏天，陆龟和蟒蛇的饲养箱里还是要用加热灯间断供暖，它们需要40℃的温度来帮助消化食物。两栖动物消化食物需要的温度就低多了，所以多数时候，我们只用考虑为两栖动物饲养箱降温，而不是加热。得益于北京优越的供暖福利设施，我从来没有在冬天特意为饲养箱子加温度，但北方也有很寒冷的地方，比如说哈尔滨，长江周边的一些城市冬天是不供暖的，所以房间里的温度并不比

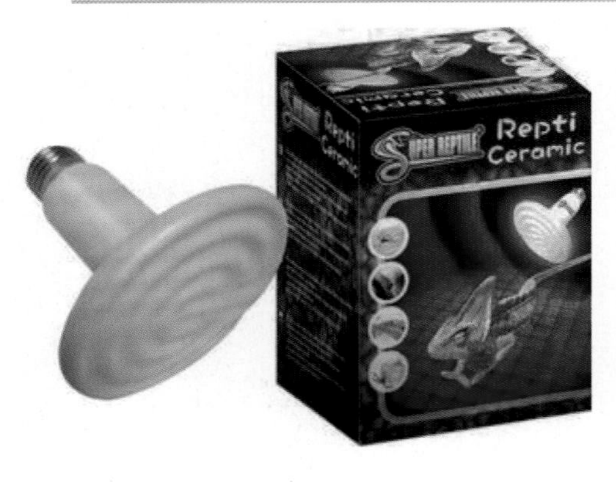

左图：
陶瓷加热器
右图：
爬虫加热毯

北京高。在这些地方饲养热带的蛙类，如果冬天没加热设施，就会出问题。因为热带蛙类通常没有冬眠的习惯，特别是小型的品种。冬眠对于它们来说，俩眼一闭，不睁，一辈子就过去了。

我们并不能用给爬行动物使用的加热灯来给两栖动物供暖，这类灯和我们在浴室里使用的小太阳的工作原理差不多，虽然能产生巨大的热量，但产生过多的紫外线。紫外线的全部波长对两栖动物的皮肤都是有害的，不像爬行动物还要补充UVA和UVB。当你使用爬行动物热源灯具饲养两栖动物时，就等于送这些动物去天堂。当然，两栖动物也没有那么怕冷，普通荧光灯所散发的热量就足够它们越冬的。在一个60厘米长的饲养箱里，安装两根20瓦的荧光灯，就能保持箱内在冬天处于20℃左右，大多两栖动物是能忍耐这个温度的。因此，两栖动物的供暖往往和饲养箱的照明使用的是一个设备。冬天也是饲养箱内植物生长得最好的季节。

对于一些怕光的夜行性两栖动物，给它们供暖还要使用不发光或发出微弱光线的热源。陶瓷加热器和夜光灯是很容易在爬虫商店里买到的，这两种热源使用时必须与两栖动物的活动区隔离开，特别是树蛙。当树蛙跳跃到加热工具上的时候，瞬间它们就被炮烙了。

5．加热毯

这个工具实际上是为饲养盒准备的，它可以垫在盒子里面或盒子下面，能散发出微弱的热量。这些热量对陆栖性树蛙来说也是足够的。这种加热垫也是爬虫商店的常见商品，要注意的是，使用时，必须用重物压在上面，否则它们是不能散热的。

当然，所有的加热设备都是为蛙类准备的，没有一种蝾螈需要你在冬天为它们供暖。即使你生活在北极圈里，只要你有房子，房间内的温度能在0℃以上，你的蝾螈就不会怕冷。

为了让饲养箱内的水处于干净无毒的状态，一般需要给它安装水过滤器。

两栖生态饲养箱的过滤系统是从水族箱那里平移过来的，原因是沉重并有造景的饲养箱，不能像小型饲养盒那样轻易地全部换水刷洗。和水族箱的过滤器不同，两栖生态饲养箱内的水并不多，也没有成堆的鱼类粪便。我们只需要使用生物过滤部分，阻挡大颗粒杂质的过滤棉之类的物理过滤材料基本是不需要的。如果你养过鱼就一定知道，水中的有益菌群有多么重要，鱼粪、残饵、烂草叶等最终都会变成有毒的氨或者铵，而消化细菌可以将它们转化成可以被植物吸收的硝酸盐。但消化细菌需要表面粗糙的介质来附着，并且要求水中的溶氧很高。用水族过滤器的运转方式解释就是：富氧水流过表面粗糙介质。我们可以从水族商店购买到所有制作过滤系统的材料，包括水泵、陶瓷环、生物球、管子等，但要注意，能向水中释放钙、镁离子，使水呈碱性的材料（比如珊瑚沙）是不适合用在两栖生态饲养箱上的。

为了达到换气降温的目的，我们必须给饲养箱留下许多透气孔，这些孔同时造成了箱内的逐渐干燥。苔藓、蕨类和两栖动物都是怕干燥的，也不能泡在水中，所以必须定期向箱内喷雾。如果你有足够时间陪伴你的饲养箱，发现干燥了就用喷雾，那么你购买一个喷壶就足够了。但，不是所有人都有这么富裕的时间，所以最好为饲养箱安装一套自动喷雾系统，用定时器控制喷雾的频率和每次喷雾的时间。

国外有一些专门为两栖饲养箱开发的喷雾设备，但国内买不到，甚至专用的元器件都没有。所以，还是要自己动手“丰衣足食”的。

首先，你需要一个隔膜泵，什么是隔膜泵呢？就是能产生比普通水泵更大的压力，能将水强力地喷出来。去哪儿买呢？家用纯净水处理机、农用电动喷雾器和小型电动洗车器上的水泵就是这种，你可以到出售这些设备的商店去买，更方便的方法是到淘宝上搜一下，让快递员给你送来。

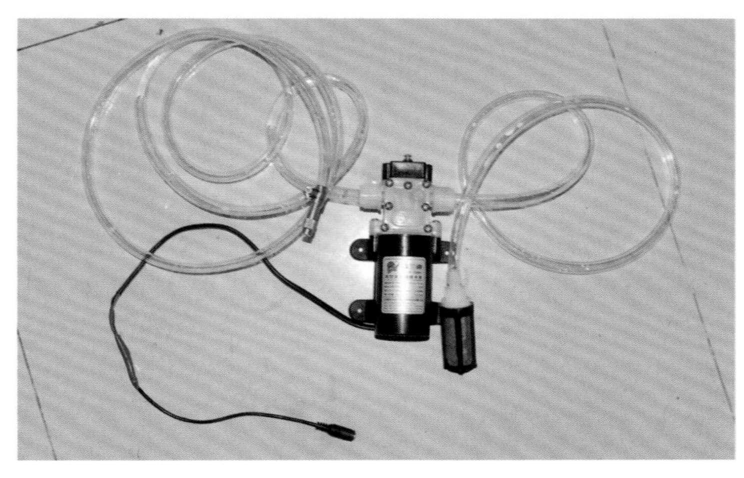

用洗车泵自己制作的自动喷雾器

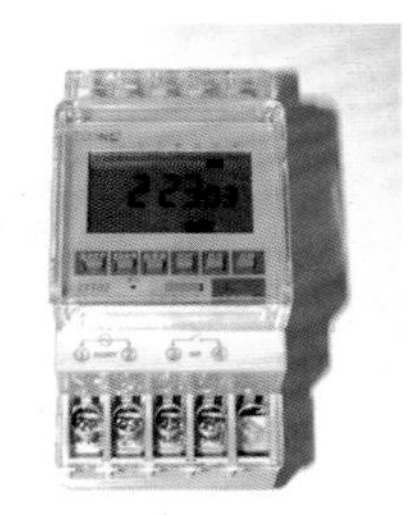

用来控制自动喷雾器的电子定时器

然后，购买一段水管和几个喷雾头，水管要用抗压的，喷雾头最好用不锈钢或工程塑料的，这样在高压使用下比较安全。再准备一个储水的器皿，在里面装上纯净水，为水泵提供给水源。

还有一个非常重要的元件，那就是最小单位能设定到秒的定时器。五金商店里出售的普通电子定时器，最小设定单位是 1 分钟，机械定时器是 15 分钟。这样每次喷水的时间就太长了，既浪费水，又会造成箱内积水过多。最小单位为秒的定时器可以解决这个问题，实际上，每次喷水有 3 ～ 5 秒就可以了。这种定时器要大型电料市场才有，不过有了淘宝网店，依然不难得到。

最后把这些东西组装起来，用螺丝等配件安装到自己的生态饲养箱上就可以了，你可以设定每天喷雾 2 ～ 3 次，每次 3 秒。

生态箱造景

城市化的发展，让我们越来越难以接近大自然。在大城市里，我们在上班路上遇到一位美女的概率可能要比遇到一只小鸟的概率还高。于是，我说：要有座山、有条河、有片森林。果然我就有一座山、一条河、一片森林。我看那是好的。我又说：要有青蛙在山林里栖息、要有鱼在河水里游泳，果然就有了青蛙和鱼。我看那的确是很好的。虽然它很小，但几乎和大自然中的一模一样。那就是我的两栖生态饲养箱，一个由我创造而掌控的小环境。

接下来就是最引人入胜的部分了，怎样能让一个玻璃箱子成为一个微型的小自然环境呢？生态箱造景——一种用有生命的材料创造的艺术。

将自然界的山川河流浓缩在一个小空间里进行欣赏，是一项历史悠久的活动，最早诞生于中国，那就是我们的盆景艺术。盆景出现的起始时期不晚于唐代初年。唐中宗神龙二年（公元 706 年）兴建的陕西乾陵章怀太子墓，墓内甬道东壁上就有手托盆景的侍女壁画形象。盆景中不但有小树、花果，还有山石点缀其间，组合成“树石盆景”。宋代诗词大家苏轼在《壶中九华》中提到：我家岷蜀最高峰，梦里犹惊翠扫空。五岭莫愁千嶂外，九华今在一壶中。天池水落层层见，玉女窗虚处处通。念我仇池太孤绝，百金买回小玲珑。
这首诗充分赞美了“盆景”这种将大自然景象浓缩体现在小小的陶盆里的艺术。其中“五岭莫愁千嶂外，九华今在一壶中”一句，虽然有些夸张，但证明了当时的盆景已经能将自然生态模仿得惟妙惟肖。

盆景的设计方法在水族箱和两栖饲养箱飞速发展的年代里被广泛借鉴，日本著名的水草造景大师：天野·尚先生就是其中最有代表性的人物。水草造景在很多方面借鉴了盆景的设计技艺，比如在沉木的摆放方面，就与盆景摆石技法相得益彰，即漏、透、瘦，形成复杂而多变的空间感。天野·尚本人曾提到：“好的水草造景应当能蒙骗鱼的眼睛，让鱼感到就是生活在自己的家乡。”这种思路正体现出复制自然的造景思想。

不过，现在不论是水族箱造景还是两栖饲养箱造景都和盆景艺术有了本质的区别，它们体现了人对自然的不同欣赏方向。

为了体现完整的大自然之美，盆景所采用的是空间压缩技术，将树变矮、草变细、山石变小。于是，原本生活距离相差非常远的植物会在十几厘米的空间里相互见面，所谓九华一壶就是将华夏大地的美好山川浓缩到一个盆景里。衡量盆景艺术高低的标准多数是看制作人的“压缩”本领，能否惟妙惟肖地将大自然压缩成小自然，并让任何一点看上去都与整体环境协调统一，让人感到它们就应当是长在那里的。

水族箱和两栖饲养箱内的造景采用的自然“切块”办法（当然，现在天野·尚的多数作品也开始向“压缩”大景观的方向发展了，这样是欺骗不了鱼的眼睛的），就是将自然的一个角落、一个局部完整、等大小地搬移到玻璃箱子里。这样的景观和自然环境简直一模一样，但不能像盆景那样描绘险峻的山峦和宽阔的湖面。

一般用来给两栖饲养箱景观“打底”的材料是泡沫填充胶，这种灵感来源于沙盘制造商。泡沫填充胶不怕水，上面能黏附各种材料，也能涂抹各种颜料，并有很强的可塑性，所以在沙盘制造时，会用它们来制作陆地、小山和石头。我们利用泡沫填充胶同样的特性让它成为景观的“骨头”。自然界中景观的“骨头”就是土，而饲养箱中由于环境狭小，土是无法堆成形的，泡沫填充胶却能成为一个整体的“土块”或“怪石”。

为了让泡沫填充胶看上去更像自然的土和石头，需要在其上面刷上硅胶并趁硅胶没有干的时候，向上面涂满沙子和椰土，等它干了后就会和自然的土地几乎一模一样。

在自己制作的这一片小土地上预留出种植植物的地方，等它完全干了就开始移植播种，最后在一些表面上放上苔藓。

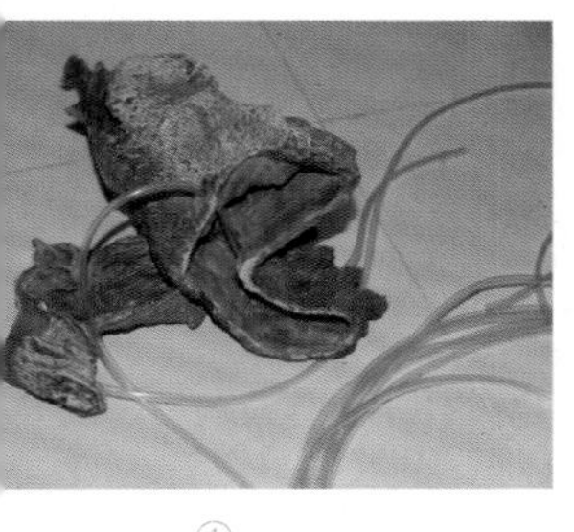

①

②

③

④

⑤

⑥

⑦

一个半水景两栖饲养箱的制作

①将塑料管穿过树脂岩石和沉木，日后这些出水口处都能生长苔藓；
②用一个小型喷泉接口将水分流到每根导管；
③用玻璃胶固定造景材料；
④在小喷泉接口上连接水泵；
⑤安装好硬件后的饲养箱；
⑥放入底沙，种植水草；
⑦栽培好陆生植物，调试灯光后整个造景完成。

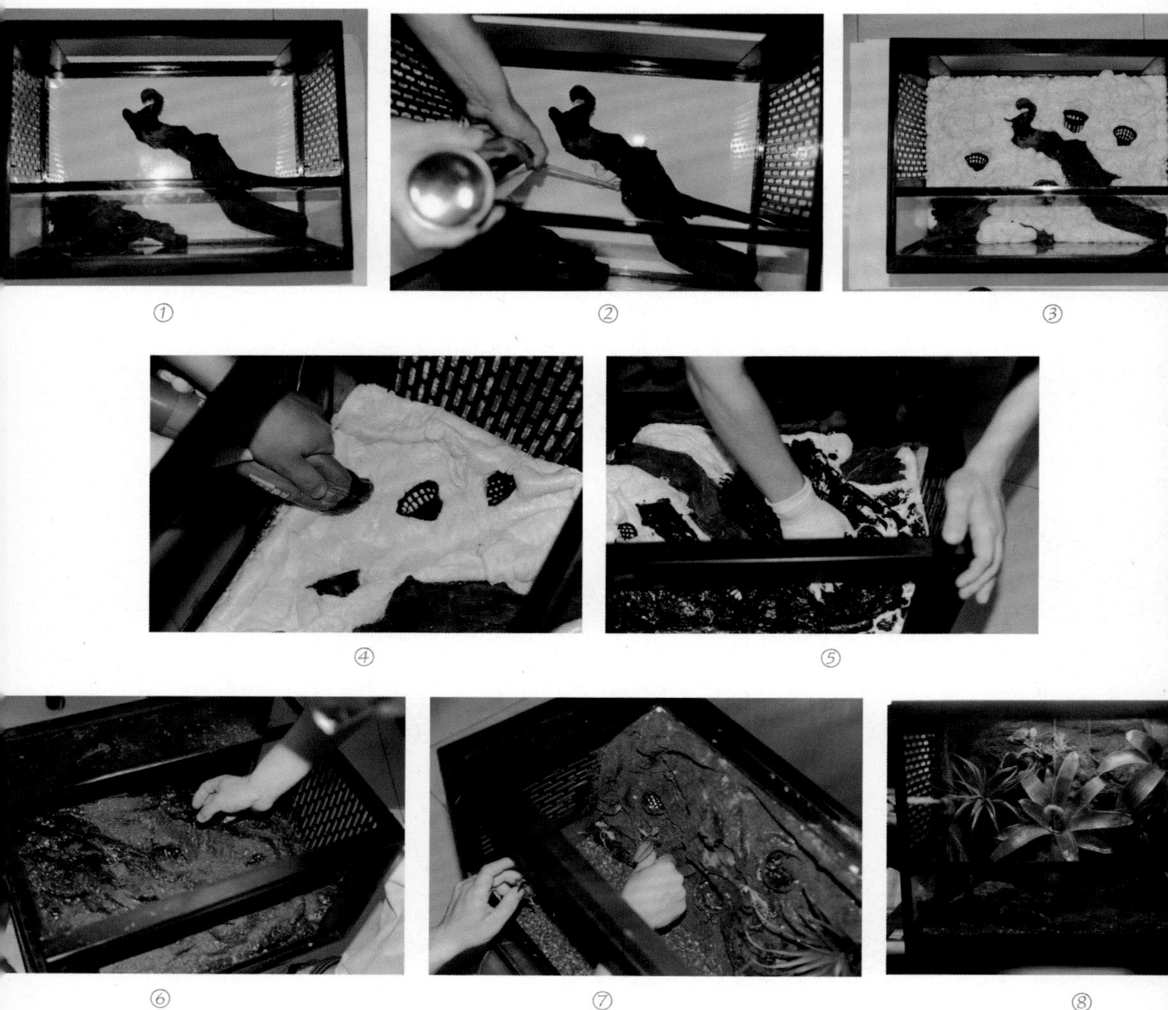

一个雨林景观两栖饲养箱的制作

①将朽木摆放在饲养箱内的合理位置，之后它将被固定在那里；
②用发泡胶固定朽木，并且塑造出山石土壤的骨骼脉络；
③在发泡胶上安放一些种植植物的小篮子；
④发泡胶干透后，在上面涂抹黑色硅胶；
⑤硅胶一定要涂抹均匀，每个角落都不要遗漏；
⑥趁硅胶未干，在上面撒满椰土或花卉土，让景观看上去和自然的土地一样；
⑦ 2 天后，硅胶完全干透，就可以在上面栽培植物了；
⑧若干天后，高等植物和苔藓生长旺盛，整个景观完成。

饲养箱里的植物

可以种植在两栖饲养箱里的植物都是耐潮湿的植物，喜欢干燥的植物无法在相对封闭的环境下生长。这些植物还要具备附生、低肥料需求的特点，当然，我们也不在乎它们是否开花，形态和色彩丰富的叶片也能带来美丽的景色。我一共总结了 7 类最常用的，当然，你还可以发挥想象多去开发。

1．苔藓

苔藓是两栖造景中最常用的低等植物，实际上说并不太确切，严格意义上，苔是苔，藓是藓。我们在给两栖生态箱造景的时候常用藓，苔并不多见。多数的苔生活在陆地和岩石上，它们需要从土壤和岩石粉尘中得到养分，并且在寒冷的冬季枯萎休眠。藓则不一样，它们附着在树干、枯木上，有的还半水地生活在池塘边，热带地区的品种可以常年生长，所以非常适合装点在封闭的饲养箱中。

最常用的苔藓是灰藓科的品种，它们生长在深山老林中，在树干上生长。只要采集来一小片，捆绑在自己饲养箱内的木头上，就能够生长开来，不久就能得到一小片翠绿。当然，你已经不用亲自去大山里采集灰藓了，由于两栖造景逐渐被重视，在一些水族商店和淘宝网店里都可以买到。即使你所生活的城市不能得到野生的灰藓，也没有关系。水族商中成堆出售的“莫丝水草”就是转换成水下形态的几种灰藓，只要把它们买回来饲养在潮湿的环境里，就能慢慢恢复成水上的形态。另外，水族箱里种植的鹿角苔也可以转成水上形态为两栖箱造景。

在饲养箱中常用的苔藓是灰藓类

也可以用大头针把它们一小丛一小丛地钉在发泡胶所制作的假土地上，只要能保持合适的光照和湿度，这些低等植物就会顺着你的造景曲线生长开来，最终覆盖掉你觉得不美、不自然的地方。能否让苔藓生长得更贴近自然状态，就要看你对大自然的观察理解了。如果想让苔藓生长得再快一些，可以把养花的综合肥按花用浓度稀释 10 倍喷洒在苔藓上，每周一次，可以让苔藓生长速度提高 1 ～ 2 倍。

2．蕨类植物

从 19 世纪初期，人们就开始将蕨类植物饲养在封闭的玻璃容器里，那就是最早的自然水晶球。现在，蕨类植物依然是两栖生态饲养箱中最好的造景植物，它们可以生长得如同云片一样层层叠叠，让两栖景观看上去非常丰满。

并不是所有蕨类植物都适合箱养，大型的品种，比如桫椤、金毛狗，都有长达 1 米以上的叶片，要想把它们放进去的箱子可不好定制。花店里最常见的波士顿蕨（肾蕨）也不能饲养在饲养箱里，它们的蜡制叶片一旦被喷上水，就会大量脱落，最后整株枯萎死亡。美丽的铁线蕨也不是很适合的品种，它们需要栽培到高钙质的土壤里，而两栖动物是很不喜欢高钙的碱性环境的。

最适合饲养在两栖箱中的是狼尾蕨、兔角蕨、地柏、

兔脚蕨是最适合饲养在两栖箱中的蕨类

石松、鸟巢蕨等附生蕨类。要知道，为了让两栖饲养箱内保持清洁，里面的土壤是非常贫瘠的。有的饲养箱内根本没有土，有的也只是垫一些无营养的椰土和沙子，所以需要通过根系得到大量营养的植物是不适合种植在饲养箱里的。附生蕨类和苔藓很像，它们附着在大树或岩石上生长，根只起到固定作用，许多品种进化出了特殊的营养吸收方式。比如，鸟巢蕨可以通过叶子中心的生长点来吸收肥料。

蕨类植物对肥料和光照的要求都不高，在昏暗的潮湿环境里它们生长很慢，只要稍微提高一下光照，就能生长出肥大的叶片。不过，不论哪种蕨，在刚被种植到饲养箱里的时候都会暂时脱落所有的叶片，这些老叶片不能适应剧烈的环境变化。但是，只要饲养环境的湿度适宜，几周后，叶子会重新繁茂起来。

上图：苔藓和蕨类植物搭配能制造出温带和寒带的山林景观

下图：积水凤梨是制造热带雨林景观的最好植物

3．凤梨

积水凤梨科五彩凤梨属的小型品种，以及姬凤梨科的多数品种都是两栖饲养箱中的最佳点缀植物。它们不但非常适合生长在潮湿封闭的环境里，而且只要光线够足，这些植物就能展现出五彩缤纷的叶片，红色、黄色、紫色、橙色以及各种各样的花斑形式应有尽有。这大大地调节了苔藓和蕨类植物单调的绿色，所以，没有人不愿意在自己的两栖生态箱里饲养几株凤梨。

五彩凤梨是南美洲的一类附生植物，它们虽然美丽，但很晚才被引进到观赏花卉领域里。从20世纪80年代末开始在美国火爆起来，随后美国还成立了积水凤梨协会，定期组织爱好者进行展览比赛。由于多年的培育，现在引进到中国的多数五彩凤梨都是人工杂交品种，这些品种对于凤梨爱好者是没有什么收藏价值的，但非常适合我们这些两栖生态造景的爱好者来使用。杂交凤梨要比野生原种更鲜艳、更好养，也更便宜。

五彩凤梨不能种植在饲养箱底部的土里，它们的根系一旦接触营养或过多的水分就会腐烂，必须捆绑或插放到造景背景或枯木上，几周后，凤梨会用根系将自己

小型的积水凤梨拥有美丽的叶片，是两栖箱中最好的点缀

完全固定在你把它安插的地方，然后开始正常生长。它们用叶片中心的“小水碗”吸收水分和养料，所以要总保持“小水碗”中有足够的存水。如果想让凤梨生长得更快，可以每个月向“碗”中滴几滴稀释的液肥。这些凤梨怕重肥，普通花卉使用的肥太浓了，最好使用水族箱水草栽培使用的液肥。要让它们的叶片丰富多彩的颜色，就必须保持强光照，在光线暗的情况下，叶子会变成单一的绿色。最适合与凤梨饲养在一起的两栖动物是箭毒蛙，野生条件下，这两类生物原本就生活在一起，箭毒蛙还在凤梨中间的小水碗中产卵。蝾螈和所有怕光怕热的两栖动物不能与凤梨共存，这一点是造景的大遗憾。

姬凤梨也是一种小型凤梨，它们是陆地生活的品种，也不需要太多的养分。姬凤梨分为沙漠型和雨林型的品种，只有雨林型的才适合饲养在两栖生态箱里。姬凤梨不需要太强的光也能展现它们红艳的叶片，但它们生长很慢，而且叶片过于坚硬，容易伤害到一些脆弱的两栖动物。

4．附生藤蔓植物

我每次去山里游玩，都会采集一些附生藤蔓植物回来，因为这些植物在花店和水族店都买不到。因为对植物知识的匮乏，我并没有搞清楚这些植物属于哪科哪属，甚至我都叫不上它们的名字。我只是需要小叶片的藤蔓来让我的饲养箱看上去更自然。我常观察到，但凡原始森林里，树上都会被苔藓、蕨类和藤蔓共同附着，假如饲养箱里缺少了藤蔓，就不能将自然展现得淋漓尽致。这些低等的藤蔓很好活，没有什么经验可以介绍的。最重要的是，一定要采集有气生根附生在树干上的多年生藤蔓，如同牵牛那样一年生的藤蔓植物是无法看得长久的。

5．秋海棠

秋海棠也是热带雨林中的植物，它们耐湿耐阴，而且能在这样环境下开花，所以可以少量地使用到两栖生态箱的造景上。种植有秋海棠的饲养箱底部一定不能有积水，可以将垫土用隔栅与饲养箱底隔开1厘米保持空气的流通，否则秋海棠很容易烂根。

上图：积水凤梨的根生长在朽木上
下图：小型石斛兰

6．兰科植物

兰科植物里的附生品种，如蝴蝶兰花、卡特兰和部分石斛兰，是可以捆绑在两栖生态箱内的木头上生长的，但很难让它们在这个环境里开花。温带生长的石斛兰也不能饲养在生态箱里，它们会因为没有冬季休眠而死亡。

如果在饲养箱中点缀蝴蝶兰，可以将它们的根绑在造景的木头上，这些根不久就能生长到木头上，但是要想让蝴蝶兰在饲养箱中开花就非常困难了。这种植物需要许多养分来促使花茎的延伸生长，每周要至少给它们喷一次稀释的肥料，把根裸露在外生长，造成根的附近没有储存肥料的苔藓（花卉生产上蝴蝶兰是种植在苔藓里的），所以肥料在几个小时后就失效了。只有非常细心照料的人才能看到蝴蝶兰在饲养中绽放。

卡特兰是南美洲的代表兰花，有能储存营养的假鳞茎，它们比蝴蝶兰更容易适应饲养箱内的环境。但同样在营养贫瘠的时候不容易开花，卡特兰的花非常美丽，只要有一两朵就能让饲养箱的景色焕然一新。可以直接购买板植（捆绑在蛇木板上的）的卡特兰，然后将花和蛇木板一起放入饲养箱造景，这样可以提高开花率。在非常炎热的季节，要保持饲养箱内的适当通风，否则卡特兰也会烂根。

迷你蝴蝶兰也是造景的好材料

只有非常少数的热带石斛才能饲养在两栖生态箱里，而且它们从不能在这样的环境下开花，热带地区的石斛也是需要温差变化的，饲养箱里的温度对它们来说过于恒定了。种植石斛只能增加两栖生态箱的植物多样性美丽，石斛有肥大的鳞茎，和多数叶片大的雨林植物有明显差别。

7. 天胡荽类

天胡荽简直是一种不死草，我最早用它来装点水草造景，一次修剪后，不经意地将一些叶片扔到两栖生态箱里，看它们会有什么反应。结果还真活了，而且一个月就生长了一大片，还将一些苔藓和一株三叶蕨欺负死了。后来，我又扔了一些到阳台的花盆里，结果仍然活了，还开了花。这真是一种顽强的植物，从水生到陆生，从湿润到干燥全都能够适应。我现在必须定期修剪它们，否则就会长得到处都是。

如果你第一次为两栖生态箱造景，我建议你使用天胡荽，不论是圆叶品种还是花叶品种，它们都能在一个月内让你看到成形的景观。如果是苔藓，真正成形需要 2 个月，蕨类要 3 个月以上，凤梨大概 2 个月才长一片叶子。旺盛的天胡荽每一个分枝上一夜就

上图：天胡荽

下图和右图：饲养箱中藤蔓植物和凤梨的搭配

到自然中去，看看自然界里苔藓是如何生长的，就知道我们该怎样在饲养箱中栽培苔藓了
上图是自然界中的苔藓
右图是饲养箱中栽培的苔藓

左图：自然界中盘根错节的景观

右图：根据树木根系和苔藓在自然界中的生长情况，设计出的两栖景观

模仿自然界池塘边植物错落生长的景观

生长一片叶子，而且是嫩绿可爱的。不过，一定要注意修剪，否则它们就把所有的光都抢走了，将其他植物全部消灭。

关于两栖生态饲养箱内的植物和造景，我很难简单地说清楚，如果篇幅允许，这部分可以写成一本书。这里不能再继续写下去了，其实只要你注意观察自然，很快就能掌握不同植物的习性和自然景观生长的原理。

在这一章的最后，我想给喜欢两栖造景的朋友一些建议：

1. 常到大自然中去，如果没有身临其境地观察，所造的两栖景观就不具备它应有的生命。不要去抄袭别人的创意，现在国内水草造景基本是模仿天野·尚的一些作品，这样你的造景是没有灵魂的。不要担心自己第一次做得不好，只要去看、去想、去做，不用太久，你也能成为大师。
2. 多看一些美术作品，不论是国画、油画还是摄影作品，都能给你带来灵感。一些美术的基础理论知识也是很必要的，比如配色原则、黄金比例等。要是能具备点儿素描基础就更好了。我原本是不会素描的，后来为了能造好两栖和水族箱的景观，特地自学了一下。美术的基础对造景的帮助很大，虽然两栖造景是取材自然的，但肯定不是完全照搬。应该是“取于自然，高于自然”。高出的那一部分就是人为的美术创意。

3．做好造景前的准备，包括物品准备和心理准备。造景就如同做画，可以像写意国画那样一气呵成，也可以像油画那样画好几天。不论怎么操作，都要事先胸有成竹，当然打一个铅笔的草稿就更好了。一定要在造景前将原料预备齐。心理准备也很重要，虽然艺术品看上去光鲜夺目，但当它还是原材料的时候并不好看，有些甚至感觉是肮脏的。就如雕塑前面堆的往往是一堆泥或一块掉粉末的石头一样，两栖造景前面堆的是大量的沾染到衣服上洗不掉了发泡胶和硅胶，到处乱飘的椰土，几块有蛀虫的朽木、一些半腐烂的叶子等。你在拼合这些材料的时候，弄脏的不仅仅是手。

4．造景前一定先设计好过滤、光照、通气等维生系统，让它们在饲养箱正式运行后马上投入工作。否则，你的饲养箱很可能成为一个生命“棺材”。

5．要从小做起，逐渐变大。不要上来就制作 2 米高的大型生态饲养箱，在没有经验的时候，你无法操控它。最好从一个 30 厘米左右的小箱子开始，随着自己爱好的升温，逐步加大饲养箱的尺码。

6．在使用造景材料的时候，要充分了解其化学成分。我用过的发泡胶和硅胶对植物和动物都是安全的，但多用于水族馆造景的环氧树脂，因为含有硫酸铜，对两栖动物是有害的。如果使用了有毒有害的化学材料，饲养箱内的动植物都不能健康生长。

左图：自然界中朽木、苔和地被植物构建的小环境

右图：在饲养箱中，我们同样可以这样利用朽木和植物进行搭配造景

繁育对动物来说，是头等大事。即使是囚禁在饲养箱中，也不会影响它们的性冲动

玻璃箱子里的爱情

但凡动物，成年以后都会受到荷尔蒙的刺激而去享受“男欢女爱”。但凡饲养动物，在饲养了一段时间后，都希望能成功地繁育它们，正所谓“养而优则殖”。这是一个很普遍的规律，似乎普遍得我们都不在意它了。实际上，动物的繁衍过程蕴涵着丰富的奥秘和精彩的瞬间，至少发情期是动物一生中最美丽的阶段。于是，作为一个饲养观察者，或者说是一个欣赏者，最喜欢看的就是由家养观赏动物主演的“三级片”。我认为，这种爱好并不龌龊，从伦理上讲，只要不是观看由人出演的这类节目，看其他动物的性行为都应当算是高雅而具有学术意义的博物学观察。

我在从事水族行业的这些年里，繁育过许多水生动物，也曾经被这些动物的精彩行为所震撼。写这一段文字的时候，我正在繁育一种金鱼，这正是一年中最好的季节——阳春三月。金鱼开始成批地产卵。在这样草长莺飞的日子里，空气都是甜滋滋的。往鱼盆里放一把荇草，当早晨的暖阳照在水面上的时候，金鱼会成群结队地游向水草的上方，水草漂浮在水面上，它们就也会尽力地往上“爬”，甚至使大半身体露出水面。然后，用尾巴奋力击打出水花，闪烁着金光，再掉头折回水的深处继续嬉戏追逐。春天的水草也是那样嫩、那样翠绿，它们也在尽力地伸展并发新芽。我在今天早上突然明白了，古人为什么画金鱼的时候，总是要画金鱼荇藻图，这个美丽的场面果真是太值得记录了。就如《诗经》中所赋：参差荇菜，左右流之，窈窕淑女，寤寐思求……说金鱼并不是要把本书的介绍对象转到金鱼上面去，而是让大家和我一起进入下面关于两栖动物“爱情”的介绍和赞美。

两栖动物是否有爱情？似乎只有我和少数存在浪漫情怀的人才相信有，其实我也不太相信，之所以用“爱情”来形容两栖动物的繁育过程，是因为我希望更尊重这类冷血的半水生动物。如果用科学办法来通俗地解释两栖动物眼中的世界，它们对身边其他动物有怎样的看法呢？应当是这样的：在一只两栖动物眼中，动物只分成三类。第一类是体型比自己大的，那就是可怕的天敌，一定要尽力躲避，或者在大动物到来的时候装死，一动不动地听天由命；第二类是比自己体型小的，那便是食物。不论它有毛没毛，有鳞没鳞，有壳没壳，在水中或在陆地，只要它一动，就可以将它吞到肚子里。最后一类，是和自己体型差不多一边大的，那八成是情人。一定要追上去，抱住它，强行或半强行地让它产下有自己一半基因的后代。当然，两栖动物对第三种体型动物的认知并不很稳定，只有在繁殖季节，也就是说它们发情的时候才会这样想。非繁殖期里，体形一样大的动物对两栖动物来说，是提不起兴趣的，一些比较凶猛的品种还会将这一类视同食物，一口咬上去。戏剧性的故事就在这里诞生了，假设它们看待第三类动物也如同第一类或第二类那样，就没有什么可观察与研究的。戏剧的精彩情节往往就是内在的悬疑，它们到底是怎样确认自己该“恋爱”了，而末路人和食物又怎样突然成为了意想中的配偶呢？

首先，我们应当先了解一下两栖动物繁殖期的由来。绝大多数青蛙、蟾蜍和蝾螈，都不像人类那样一年四季可以生孩子。在我的印象中，只有产于南美洲热带雨林中的一些小型蛙类（箭毒蛙、巴拿马金蟾等）才会终生具有繁殖冲动。剩下的品种，只有受到自然气候的某种刺激才能产生性激素，从而开始具备性特征。比如：蝾螈需要冬夏交替的温度刺激，它们只在冬眠出蛰后的几周里具有繁殖能力。角蛙、非洲牛蛙必须在经过一个干旱季节后才发情，这个时期还必须有湿润的空气向它们预告大雨即将到来的信息。为什么呢？问题很好解释，多数两栖动物在运动，特别是长途跋涉方面是动物世界的弱者。它们不具备如同候鸟和许多食草哺乳动物那样的为了繁育而迁徙的能力，你看看角蛙和蝾螈的小短腿，它们就是迁徙一次，也跑不出两千米。它们必须充分适应自己所居住的环境，能在这一小片土地上出生、长大、繁殖后代直到生命结束。最要命的是，它们的繁殖过程必须依靠一种介质——

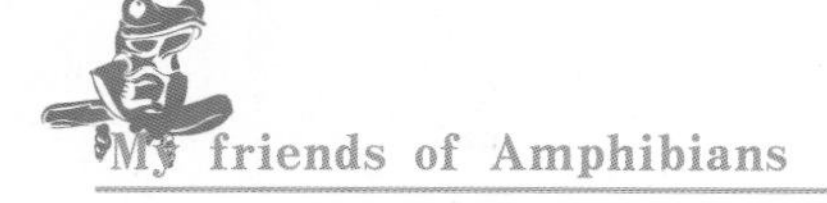

水，并不是所有地方都有丰富的水源，谁也不敢保证沙漠、丛林和草原上一定有一个湖泊或一条小溪。生活在这些地方的两栖动物该怎样繁殖呢？它们只能等雨水的来临，在地面上形成短暂的小水坑。还有一个抑制两栖动物繁殖的重要问题，就是它们全部是变温动物，不能像鸡一样孵蛋，更不能像人类一样哺乳。卵的孵化和幼体的成长全要看老天爷的脸色，如果卵被产在温暖清澈的河流中，它就能很好地孵化。当幼体破卵而出的时候，水中丰富的浮游动物为它提供了生命之初的营养来源。反之，一对两栖动物父母的辛苦都将白费，它们的后代会全部夭折。

试想，在两栖动物刚刚出现在地球上的时候，到处都十分湿润，大气十分温暖，于是这些动物大肆繁殖起来。随后，地球上气候急剧变化，有的地方变寒冷了，有的地方变干旱了，生活在这些地方的两栖动物该怎么办呢？适应、适应还是适应，上亿年的进化，让许多两栖动物具备了感应冷暖，预测雨水的能力，它们能准确地判断出什么时候气候会变暖，什么时候天上会下雨。在这方面的能力，两栖动物比现在任何天气预报都要精准，因为它们要靠这种能力活命。

接下来，我想介绍一下两栖动物的两性分别。大约在4亿年前，生命体出现了一个飞跃性的进化，为了能够让后代具有更强的环境适应能力，使突变现象出现得更频繁，一部分生物向着一种特征发展，另一部分则正好相反。在这种进化完成之后，许多生命不能再像以前那样无休止地自我复制，而必须通过向不同方向进化的两部分动物的交合，才能产下后代。这就是科学上

为发情期的两栖动物提供一个“谈情说爱”的场所非常重要，比如水面上的浮岛

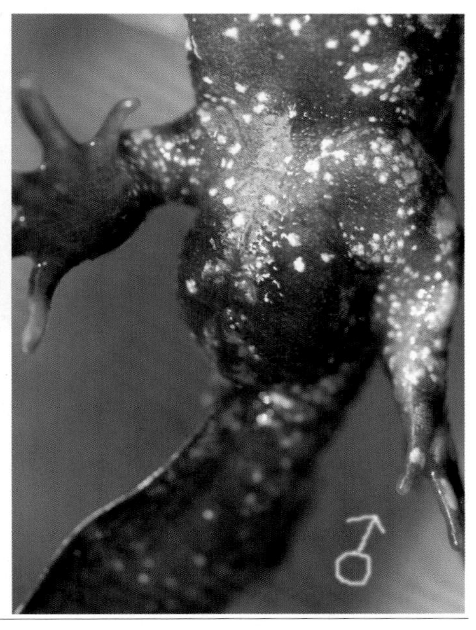

左图：蛙类在夜间变得十分活跃，它们一边展示着自己美丽的颜色，一边鸣叫着寻找配偶
右图：陆生有尾目动物多数具有发达的睾丸

说的二性法特征。处于脊椎动物家族中的两栖动物，当然也是这一特征的继承者，要想有后代，就必须同时有雌性和雄性两种。作为一个两栖动物饲养爱好者，你如果想在家中繁育它们，具备分辨这些动物雌雄的能力是非常重要的。

两栖动物雌雄分辨的难易度因品种而不同。大多数蝾螈（不包括大鲵）很容易辨别，在成熟后，每一只雄性蝾螈都会发育出硕大的睾丸。这个"硕大"是相对它们的体型来说的，有些顿口螈和瘰螈的雄性，一个睾丸就和自己的头差不多大。睾丸还会根据季节的变化调节大小和处于身体的位置，在非繁殖季节里，睾丸通常隐藏在蝾螈的体内，在它们身体的后部只能看到两个不太起眼的小鼓包。到繁殖季节时，睾丸会下滑到身体之外的囊体中，这个时候，该器官大得惊人，一只雄蝾螈在水中游泳的时候，如同身后挂了两颗鱼雷。如果你搞不清楚所饲养的蝾螈到底是男还是女的时候，只要等到阳春三月，就一目了然了。

蛙类的雌雄分辨就要比蝾螈困难一些了，它们不具备滑到体外的睾丸，整个生殖腺都隐藏在体内。有一个特征将雄蛙的秘密揭示给了我们。所有的蛙，都是雄性在身后抱着雌性的肚子完成排卵和受精过程的。这个动作在专业上被称为"抱对"。雄蛙对抱对这件事情非常执著，如果你看到一对青蛙正在抱对，你尽可以去将它们拿起来观察。雄蛙绝对不会因为你的干扰而放弃雌蛙。在人工饲养环境下，食物、光线、噪声和许多干扰都不能将抱对的雄蛙从雌蛙的背后惊扰下来，即便你设法将雄蛙从雌蛙背上拽下来，也需要费一番力气。它们充分证明了“生命承可贵，爱情价更高”的说法。要想牢固地抱住雌蛙，雄蛙的前肢必须有足够的力量，这样铸就了它们的前肢比雌性粗壮得多。由于两栖动物皮肤光滑，既没有毛也没有鳞，还不停地分泌黏液。为了增加摩擦力，不让刚刚抱住的雌性从自己的怀中滑走，雄蛙还进化出了一个特殊的组织——繁殖垫。这个东西生长在发情期雄蛙前爪内侧第一个趾上，常呈黑色或褐色，有点儿像手上磨出的老茧。所以，只要你看到一只蛙角趾上有这种东西，它一定是个“男士”。可惜，繁殖垫只有成熟的蛙类才具备，有些品种只在繁殖期才出现，还有什么办法能分辨蛙类的雌雄呢？前爪趾的长度是一个最容易的对比分辨方法，特别是在树上生活的树蛙和雨蛙，为了用它们富有吸附能力的爪子抱住雌蛙，雄树蛙的前爪要比雌性长 1/3 左右，张开的时候，就像专业篮球运动员的一双大手一样。只要你略加细致观察，就能很容易看出来。

终生水生的蝾螈（比如墨西哥顿口螈）和大鲵，不能通过看睾丸的方法来分辨雌雄。它们在成年后也会生长出黑色的抱趾，前爪趾尖生长出黑色坚硬的增生物，而且脚趾明显变长。这也是为了在水中能尽量抓住异性，但幼体没有这种组织。假如你是个观赏鱼爱好者，有的时候可以用区分鱼类性别的办法来分辨这类两栖动物。和许多鱼一样，雌性水生蝾螈身体肥胖，肚子肥大，雄螈则略微瘦长，而且肚子看上去一点都不松软，很强健有力。与鲤鱼、

白化肋螈的抱对行为

上图：精心打造的蝾螈繁殖环境
右图：星点蝾螈的卵包

金鱼一样，雌性两栖动物多数比雄性大。老爷树蛙、角蛙、虎螈等品种，雌性的体重可以是雄性的两倍以上。只要仔细观察，两栖动物性别分辨的方法还是容易掌握的。

再有，要说说两栖动物对繁殖环境的需求。只要是亲手繁育过动物的人都知道，在动物生殖时，饲养者必须为其提供一些必要的条件和材料。猫和狗需要一个温暖的窝、鸟需要一些软草来搭窝、仓鼠需要一些碎木屑、金鱼需要一把水草和春天的阳光、灯鱼需要一定量的软化水和昏暗的环境等。两栖动物需要的要更复杂一些，它们虽然不搭窝，也不畏惧你在一旁观察它们的“房事”，但似乎比猫、狗、鸟和鱼需要得更多一些。

前面说过了，许多两栖动物只在冬眠出蛰后才开始发情，所以要繁育它们就不能让其始终生活在恒温下。冬夏交替是生活在亚热带和温带两栖动物繁殖的必要条件，虽然人工饲养下的两栖动物在恒温下能每天非常快乐地大吃大喝，但它们会变成没有生殖能力的“肉鸡”。从科学的角度上讲，不给两栖动物寒冷刺激，就如同阉割了它们一样。它们不但不繁殖，就连性特征

上图：抱对的蟾蜍　对页：抱对的光滑爪蟾

都不会出现。冬眠具有两个作用，第一能唤起两栖动物的繁殖欲望，第二能帮助人工饲养下的两栖动物减肥，因为冬眠同时意味着绝食。养鸡场的工人常说：鸡太肥了就不下蛋，这个道理在两栖动物身上照样适用。还有很多饲养食用型两栖动物的人正在反向地使用这个道理，比如大鲵和牛蛙的养殖场，人们让这些动物生活在恒温的环境里。于是大鲵和牛蛙就食欲特好，吃了就长肉，在很短的时间里就可以送上人们的餐桌了。你我饲养两栖动物绝对不是为了等其肥了宰杀吃掉，那么要遵守也帮助动物遵守自然规律。

大多数蛙类可以适应冬季 5 ～ 10℃的低温，你需要做的是在这样的温度环境下，给它们提供一团厚厚的苔藓来保持身边的温度。我试过土和椰土也可以，不过最好的还是苔藓，因为这种材料从来不会划破两栖动物的表皮。潮湿不代表有给水，所有两栖动物都不会在水坑中冬眠。蛙类在低温下，自己会钻到苔藓堆中睡觉，一觉就是 3 ～ 4 个月。在这期间，要保持苔藓的湿度，如果苔藓表面干燥了，要少量喷水。我有一次忘了，苔藓全部干燥了，冬眠的斑背树蛙痛苦地从干苔藓中反季节地爬了出来，变成了僵尸。

对于蝾螈来说，冬眠的温度要更低一些，特别是分布在欧洲和东亚的品种，10℃的时候，正是它们最活跃的时候。2 ～ 5℃可以让它们安静下来，进入梦乡。不过蝾螈的冬眠时间有长有短，一些一年只睡1个月，还有一些能睡6～8个月。关于蝾螈的冬眠时间，我将在后面个体介绍中按品种说明，这里无法笼统地说清楚。

对于生活在热带草原和森林里的一些蛙类，显然不能用温度来控制它们的冬眠，比如非洲牛蛙、番茄蛙、红眼树蛙都生活在四季炎热的赤道附近，别说5℃了，温度如果低于20℃它们就绝食了，再低几度就可能冻死。它们需要干旱和湿润的气候变化，来刺激性激素的分泌。看过动物世界的朋友一定都记着，非洲大草原是旱季和雨季不停交替的，羚羊和斑马为了生存而不停迁徙。那么，生活在这种环境下的蛙和蟾蜍怎么办呢？它们可是最怕干旱的，而且没有羚羊那样矫健的长腿。它们躲避干旱的方法，是挖一个坑睡觉。只要坑足够深，土里面肯定是湿润的。几个月后大雨降临草原，蛙类就破土而出开始繁育后代了。在人工环境下，制造干旱要比制造寒冷更困难。因为冰箱、空调都是降温的利器，红酒柜还能从5～20℃进行调节，模仿自然界渐渐变冷的秋天。要想让一个空间渐渐变干旱，就非常困难了。也许你会说：把饲养湿润的环境暴露在干燥的空气里，慢慢不就自己干了吗？是的，一团湿润的苔藓在北京的气候里，不用2天就能完全干透。但这样的干燥速度对两栖动物太快了，它们适应不了。而且这是北京的气候，要是广州呢？那可就不容易干了，有的时候刚刚干燥一点，天就突然下雨了。所以，要逐渐使饲养环境干燥，只能靠人为逐渐减少喷水数和通风频率来达到，全凭自己的经验，所以一开始的朋友多数都失败了。他们所饲养的两栖动物在干燥的过程中，俩眼一闭，不睁，一辈子就过去了。

有了冬夏交替和干湿循环，人工驯养的两栖动物已经可以走向它们的婚姻殿堂了。但结婚序幕拉开之前，还有一个关键的环节，那就是季节变化的速度。对于需要干湿交替来繁殖的两栖动物，充分干燥后马上下雨，到处给水是符合它们的需求的。在这些动物的老家，天气就是这样反复无常。对于需要冬夏交替的物种，它们还需要一个明媚的春天来恋爱。特别是蝾螈和温带的蛙类，它们是绝对的自由恋爱主义者，如果没有浪漫的春天，任凭你怎么包办，也甭想获得结果。

我很幸运生活在北京，这是个四季分明的城市。在我的阳台上，青蛙、蝾螈、金鱼和兰花都可以尽情地享受春、夏、秋、冬，只不过阳台上的春天来得比户外更早一些。但居住在南方和没有阳台的朋友就麻烦了，我曾经也没有阳台，为了繁育两栖动物，我攒了好一段钱，才在二手市场买下了一台

上图：蝾螈的幼体需要在静水中成长
左图：蟾蜍蝌蚪的变态时间并不统一

让我最终实现愿望的机器——红酒柜。它是我最值钱的家当，如果是新的话，至少要 2 万元，比液晶电视要贵。还好，当时我住在城乡交界处，那里有一个又大又杂的二手市场，在那里我掏到了我梦寐以求的红酒柜，只花了 1200 元，要知道这东西可不是老有二手的出售。卖二手电器的商贩都觉得我很疯狂，有这么高档、这么大的红酒柜的人应当是非常富有的老板，因为只有他们才有名贵而大量的拉菲、波尔多需要这样的柜子来珍藏。它们看着我雇车将柜子拉入了一个市场边上的筒子楼里，那是有名的“贫民窟”，怎么也想不出，我用这个东西来做什么。之后，每次我去市场，商贩都主动跟我说，“旧货卖了不能退啊”，生怕我当时是错误地把这柜子当冰箱买回了家，然后后悔来退货。那时候，我还有点儿蔑视地笑话他们，你们哪儿知道，为了得到逐步提升的温度，我已经研究了好久。

最开始，我是想自己制作一个能够从 5℃每天提升 0.5 ～ 1℃到 20℃的柜子，当时规划要购买的材料有压缩机、钛管、温控器、电磁阀等许多电器元件，还要有整张的木板和 pvc 板，而且以我的电工操作水平，还不保证一次能成功。当时整体预算下来要 4000 元左右，还要至少搭上 4 个周末的时间。我虽然自己制作过许多鱼类和两栖动物的饲养器具，并且乐在其中，但面对这么复杂的一个工程还是始终不能下定决心。一次去买送礼的红酒（红酒现在是非常时髦的礼品），发现酒庄里的大酒柜能调节温度来保持酒的口感。

鸣叫是蛙类求爱的最主要方式

如同发现了一个藏宝图一样，我赶快到附近的电器商店寻找这种大酒柜。当然，我找到了，但买不起。所以，我把目光锁定了旧货市场，正如前面所说，我最终得到了这件后来对我饲养两栖动物帮助极大的利器。

在没有阳台的日子里，我的许多蝾螈就在酒柜里冬眠，然后我用每天提高 1℃的办法让它们感受春天的到来。更重要的是，炎热的夏天，青蛙和蝾螈们就在柜子里避暑。和冰箱不一样，高档红酒柜为了防潮还在背面有一个小通风扇，即使我长时间出差在外，也不用担心动物闷死在里面。

好了，一切具备了，下面我们就可以一边喝着红酒，一边观赏两栖动物在人工环境的爱情故事了。别忙，最好准备一个有盖的水族箱，大小在 60 ～ 80 厘米就够了，它能让你通过透明的玻璃将两栖动物的爱情全过程一览无余。

在准备繁育两栖动物之前，要在水族箱里放一些供它们"做爱"的平台。不必刻意追求自然景观，那很难打理，而且两栖动物真的分不出什么是自然的什么是人工的。在水中产卵的陆栖蝾螈和蛙类需要一个岸边，你费劲地用沙子、水草泥给它们在水族箱里搭建一半陆地一半水池的环境，还不如在浅水里放一块板砖来得实际。在蝾螈的眼睛里，板砖就是比较不错的陆地。在陆地产卵的蝾螈需要一片软土地和一个躲避处。在水族箱里铺满椰土，上面盖半个潮湿的碎花盆是最好的。树蛙习惯在水旁的植物叶子或树干上产卵，蝌蚪孵化后会自己掉到水里，那么繁殖箱一定要高一些，至少 60 厘米以上，底下为 5 厘米深的水，再在上半部分放一些横七竖八的树枝，然后放一些塑料树叶，廉价并且泡在水中就能活的绿箩和风水竹也不错。总之，繁殖的时候不必在景观美不美上下力气，两栖动物不论雌雄都不懂艺术。

噶噶噶、咯咯咯……雄蛙开始"唱情歌"了，两栖动物给我最大的快乐，莫过于全年都能在自己家中听到蛙鸣。雨蛙、东方铃蟾、泽蛙是最开始练手的好品种，它们只要从寒冷的冬季里"活"过来，马上就会忙着配对。再把这些蛙放到繁殖箱里后，它们也许会有两天的羞涩和恐惧，可以放一些蟋蟀到繁殖箱里，只要青蛙一吃食，它们的胆量就马上大了起来。温饱思淫欲，

青蛙绝对是这样的动物。通常，我不会只放入一对，放 3 个雄 2 个雌的一小组，效果最好，雄蛙会争相吃醋。一开始只是鼓大了脖子不停地叫，比谁高声。后来情绪逐渐恶化，在某个雄蛙不经意闯入了另一只所占据的角落后，主人很可能会用前肢把它推开，如果推搡无效，就会张口互相咬几下。在这期间它们都不停地叫，如果某只雄蛙不鸣叫，默默无闻地到处乱跑。其他雄蛙会将其视同雌性，一下抱上去就是不放开。更有趣的是，很多雄蛙似乎在繁殖期被荷尔蒙烧坏了眼睛和脑子，只要是不叫且会动的东西，它们都抱。我试验了很多次，在铃蟾和泽蛙的繁殖群落里，放入体型大小相似的其他品种，它们会争相去抱。一次，一只泽蛙抱着一只林蛙足足有 3 天的时间，那只被抱的林蛙一定很郁闷，它又没有办法说"哥们儿，你抱错了，我是纯爷们儿"。总之，在人工环境下，它们不论品种，不论男女的一个劲地乱抱，把水族箱里的气氛弄得喧躁不安。

雌蛙并不会轻易出动，它们沉默地躲藏在隐蔽的角落里看着，可能在选择谁的歌声更嘹亮。不过，水族箱里毕竟空间有限，雌蛙很容易被雄蛙发现。这里不同于自然界，它们的婚姻是我包办的，雌蛙的选择只是糊弄自己。为了繁育动物，即使残疾的雄蛙，我也会在春天安排一只异性和它同居。一旦雌蛙被抱住了，就会和雄蛙双双跳入水中，在水草或者水中的漂浮物上产卵。卵一经产出，水顿时就浑浊了，而且强烈的腥味会随之弥漫。这和许多鱼类产卵的情况一样。产卵后的 2 ～ 3 天，它们仍然抱着，必须要等待雄蛙情绪缓和下来，它才放开雌蛙。这也许是繁殖期雄性激素过度分泌的缘故，即使卵全部受了精，雄性体内仍然在分泌激素。这让它们仍然非常亢奋，在"做爱"方面不知道结束。不过，雄蛙很忠贞，它们一旦放开所抱的雌性，就不会再抱另外一只，而是安静地躲藏起来，休息去了。对于多数蛙类来说，一年一次的性行为，既在身上达到了充分的满足，也消耗了近乎前一年所积攒的全部能量。

在水中产卵的蝾螈，和蛙类的繁育过程差不多，不过它们不会鸣叫，所以雄性"开发"出了许多肢体语言，用相互接触的方式刺激雌性排卵。所以，蛙的求爱过程很狂热，在喧嚣和躁动中完成传宗接代的任务。蝾螈很低调，我认为一些蝾螈的两性，在繁殖季节里能分泌一种气味，这种味道让它们不会像青蛙那样搞错对方的性别。我闻到过疣螈、瘰螈和肥螈的古怪气味，那是一种说不出的难闻味道，但绝对不是腥味。雌、雄蝾螈彼此受到气味的吸引聚在一起，先会趴在水族箱里的“陆地上”，然后纷纷进入水中。这大概就是所谓的气味相投吧，我觉得应当是的，至少和电影《非诚勿扰》里舒淇的解释是一样的。和青蛙不同，蝾螈只有到了水中才相互拥抱产卵，在陆地上的时候，雄性喜欢用爪子在雌性身上按来按去，再用头顶雌性的肚子，还会用嘴触碰对方的嘴。此期间，雌性一动不动地趴在那里，似乎是有些享受的。雄蝾螈也会横刀夺爱，这种连爬行起来都非常吃力的动物，为了交配权而产生的决斗，要比身行矫健的青蛙惨烈得多。我以前，一直不相信蝾螈这样温顺而迟钝的动物也会打架。但在春天和夏天里，我曾有多只雄蝾螈死于外伤感染，它们要么是脚趾断了，要么就是皮肤上出现了多处伤口。我还以为是垫底的海绵太粗糙造成的，于是换了好几次更细腻的海绵，但没有效果。我发现只要是单独一只饲养的就没有这样的问题。为了找到真相，我在夜间用手电照着观察蝾螈在饲养盒里干什么。它们的确相互打架，先是两只面对着互相点头，似乎是在跆拳道比赛前的相互行礼。然后就咬了上去，相互咬住对方的爪子、尾巴、头、皮肤等地方，还拼命地翻滚，似乎要通过扭动的力量把对方的肉撕扯下来。我很感叹，连蝾螈都开始为了爱情而战争了，世界上还有什么动物是和平的呢？

蝾螈的卵大多漂浮成一团，红腹和肥螈的卵很小，虎螈和斑点蝾螈的要大一些。产完卵的蝾螈会立刻分开，然后就互不相识了。

一些特殊的品种，比如云石蝾螈，是在陆地上产卵，火蝾螈是直接生小蝾螈的，我将在后面单一品种里进行介绍。这里还要说的是，在我养过的两栖动物里，除东方铃蟾能在白天求偶外，其他品种的爱情全过程都是在深夜进行的。想偷窥两栖动物的房事，就要有充足的精力，保证自己能连续熬夜。在一个水族箱前放一把椅子，把房间灯全关掉，只开一个小手电，伸脖瞪眼地一宿坐在那里，看动物交配。清晨带着红肿的眼睛去上班，呵呵，疯了的两栖动物爱好者。

对于蝾螈幼体，孑孓这样大小的食物是最合适的

食物与营养

食物对于任何动物都是必要的，两栖动物虽然可以长时间忍耐饥饿，但绝不是吃风喝烟就可以过活的神仙。它们还是彻头彻尾的食肉动物，在脊椎动物家族里，鱼、爬行动物、鸟和哺乳动物都有食草的品种，唯独两栖动物没有。有些古生物学家认为，两栖动物应当是鱼到爬行动物进化的中间形式，以至它们本身并没有向多元化发展。当然，但凡两栖动物生活的地方，也同样是它们的饵料动物生活的天堂。为什么要演变出吃草的品种呢？肉要比草好吃得多。

由于自身运动能力有限，两栖动物不能常常捕到食物，所以，它们对食物的利用率非常高。强大的消化系统可以将食物中大部分营养吸收利用，食物会在肠胃中存留很长一段时间，当被排出的时候已经所剩无几。我曾饲养的一只角蛙每周都会吃掉一只白鼠，但一个半月才拉一次屎，屎的重量和体积都不及一只白鼠大。它的消化公式是：$1\times6\leqslant1$，这是多么不可思议的事情啊。当然，如果你延长投喂食物的间隔时间，两栖动物同样延长排便间隔时间，在长达3～5个月的冬眠期，它们不吃也不拉，这让饲养管理变得很方便。

两栖动物的食物包括了昆虫、蠕虫、蜗牛、鱼、小型哺乳动物，有些还吃自己的同类。如果你愿意喂，鸡雏和小鹌鹑也是角蛙和牛蛙的好食物。受到城市生活的局限，在人工饲养条件下，我们供给两栖动物的食物不足10种，有些饲养者供给的甚至更少，它们的两栖动物一生都吃着单一的食物。不过，两栖动物不懂得厌食，食物对它们来说就是填满肚子，味道和花样都是不重要的。以下将常用的10种饵料逐一进行介绍。

蟋　蟀

毋庸置疑，蟋蟀是最普遍用来喂养两栖动物的饵料动物，不仅两栖动物吃它们，用来观赏的多数爬行动物、鸟和一些名贵的观赏鱼也吃蟋蟀。因此，当水族宠物业发展到今天这样繁盛的状态后，只要你生活在城镇地区，就可以轻易地在花鸟市场、爬虫宠物店、水族店购买到鲜活的蟋蟀，一年四

季都有供应，十分方便。早在400多年前，北方民间驯养鸣虫的艺人们就研究出了蟋蟀和蝈蝈的人工繁育方法。那时，阔绰的人们喜欢在冬天将这些人工繁育的鸣虫装在特制的葫芦里，揣进怀中，听其鸣叫。现在，除一些老年人外，很少有人再在冬天揣着蝈蝈到处跑了，带一台时尚的iPhone4手机要更“拉风”些。人工繁殖的鸣虫有了新的用途，那就是作为饵料喂给其他动物。

用来做饲料的鸣虫要比用来听叫的销售量大得多，而且不论好、坏、公、母，统统都可以被卖出去，鸣虫繁殖者很快得到了可观的利润，促使这样一个极边缘的小产业得到了振兴和发展。于是，只要你有时间去买，就不用担心家里的两栖动物会断粮。

用来喂养两栖动物的蟋蟀是一种北方称为油葫芦的品种，其实，只要小时候去抓过蟋蟀的人都知道，田间草丛里常能捕捉到的蟋蟀至少有四种：蛐蛐儿（中华蟋蟀，*Gryllus chinensis*）、捞眯嘴、棺材扳儿（大棺头蟋蟀*Loxoblemmus doenitzi*）和油葫芦（*Gryllus testaceus*）。蛐蛐儿在四种中最为昂贵，它们主要用来观赏格斗（斗蟋蟀），由于雄性蛐蛐一见面就会互相打斗，因此很难批量人工繁育。捞眯嘴和大棺材扳儿由于叫声不好听，没有被古人驯化饲养。独油葫芦既不是很好斗，又有咕呦呦的美丽叫声，所以能在今天成为饵料动物。

油葫芦是四种常见蟋蟀中最大的，能长到4厘米，所以大型两栖动物吃它很解饿。你看它们油亮的身体，就知道营养价值一定很高。由于用来喂养两栖动物的油葫芦大多是人工繁殖的，细菌和寄生虫也少得多。最重要的是，现在的蟋蟀繁殖商能一年四季不间断地提供各种规格的蟋蟀。从刚孵化一周的（通常称为：蚂蚁蟋蟀），到生长一个月左右的（通常称为：针头蟋蟀），再到成体应有尽有。你知道这对一个两栖动物爱好者是多么重要吗？

在没有针头蟋蟀出售的那段年月里，要想饲养体型小于5厘米的两栖动物简直是不可能的事情。特别是具有鲜艳颜色的小型丛蛙、树蛙和蝾螈幼苗，它们是多么美丽啊，每次看到都能让一个爱好者流连忘返。不过，即使你再阔绰、再一掷千金，那又怎样呢？你养不活它们，因为它们只吃小于0.5厘米的活昆虫。当年，即使是饲养个体稍大的小雨蛙，也要夏天到处去逮苍蝇，而且一定要抓活的。冬天则要在暖气边上自己孵化小蟋蟀，而且饲养规模远不能供给小青蛙吃到第二年苍蝇大批量飞出的时候。是针头蟋蟀解决了我们的痛苦，让两栖动物爱好逐渐地普遍起来。

如果你所居住的地方确实没有针头蟋蟀出售，那么你就只能尝试自己养殖蟋蟀了。夏末到中秋的时间里，可以在草丛、田地里大量发现它们，蟋蟀集中最多的地方是黄豆地，因为豆叶、豆荚和嫩黄豆都是蟋蟀最喜欢的食物。抓到后，将它们按雌雄比例2∶1的状态饲养在一个塑料盒子里，一个5升的整理箱里可以饲养10～12只。关于油葫芦怎样分辨雌雄，我在这里不赘述了，调皮的小男孩子都知道什么是“三尾儿”，什么是“二尾儿”，谁要是搞不清楚就找一个小孩来问问。饲养蟋蟀的盒子里要垫10厘米厚的土，最好是用养花用的稚石，这种材料很干净，不会有过多的细菌给卵的孵化带来麻烦。要保持饲养盒内温度总处于30℃左右，批量生产商采用的办法是火炕，在自己家中可以用加热灯或将盒子放在暖气旁。用胡萝卜和水发黄豆（干黄豆蟋蟀咬不动）喂养它们，9月下旬，它们开始交配后，完了事儿雄性先死去。雌蟋蟀于10月中旬开始在土中产卵，产完它也一命呜呼了。卵会在潮湿温暖的土中孵化，大概需要2～3个月的时间，根据你所设定的温度决定时间长短。温度越高，孵化越快。一般在春节前后，你就能得到自己繁殖的针头蟋蟀了。如果不是受条件所限，最好不要去野外捕捉蟋蟀来喂养两栖动物。虽然在秋高气爽的日子里，一边郊游一边给自己的宠物蛙抓点儿“野味”回去是很快乐的事情，但野生蟋蟀大多带有细菌和寄生虫，吃了是容易“出蛙命”的。

面包虫

面包虫之所以叫面包虫，是因为它们生性爱吃面包，从这点上可以看出这是一种引进动物，原产地在北美洲，20世纪50年代从前苏联引进到国内。

如果这是一种本土动物，它更应叫“馒头虫”或麸虫，不论是在养殖场还是在家中，我们都习惯用干馒头和麦麸来饲养它们。一些农业养殖书上也称面包虫为黄粉虫，但日常生活中没有人这样叫。

由于其生长周期短、繁殖能力强、幼虫蛋白质含量高。面包虫是现代畜牧渔业饲料加工的优质原材料。它们以廉价的形式正在逐步取代着家禽、鱼类饲料中的传统蛋白质添加原料。据说，人也可以吃，味道有些像蚕蛹，不过我没有尝试过。所以，面包虫在国内有广泛的养殖基础，其容易得到的程度比蟋蟀更高。

面包虫的幼虫（或称蛴螬）是多数蝾螈的必要饲料，并不是因为这种虫子的营养多么丰富，而是很多品种的蝾螈不善于捕捉六条腿的昆虫，它们对如面条一样长条状而“无腿”的虫子或昆虫幼虫才感兴趣。因此，在没有蚯蚓供给的时间里，面包虫是你唯一能买到的蝾螈饲料。

几乎在所有的花鸟市场都有面包虫的出售，养鸟人用面包虫为食虫鸟类驯饵或加餐。但不能常喂，有经验的养鸟人都知道，鸟吃多了这种虫子会上火，造成不能“蜕毛”。我起初也担心两栖动物吃多了面包虫上火，经过实践后发现自己的顾虑是多余的。唯一让人烦恼的是面包虫幼体有坚硬的几丁质外壳，这种东西很难消化，对于消化系统不好的病螈负担很大。如果是健康的两栖动物，即使一辈子用面包虫来喂养也是没有问题的。

饲养面包虫的时候一定要尽量保证饲养容器的通风干燥，考虑到营养问题，可以用晒干的胡萝卜片、菜叶配合干馒头、麸子喂养它们。可是，如果你用含有水分很多的饲料喂养面包虫，两三天后饲养盒就会发出难闻的“臭脚丫”味道，如果之后环境仍然潮湿的话，面包虫会大量死亡腐烂。

因为它们怕湿，所以面包虫不能像蟋蟀那样直接投放到饲养盒（箱）里喂养两栖动物，两栖动物的生活环境对它们来说太潮湿了。而且，面包虫喜欢怕光，当被投放到饲养盒里后，它们就爬到最潮湿最阴暗的地方，然后在那里死去并腐烂。如果你清理的不及时，会对两栖动物的健康造成危害。最好的办法是用一个表面光滑的容器来投喂，我使用的是玻璃培养皿，这种东西四面通透，让两栖动物从每个角度都能看到里面爬行的面包虫，将它们吸引过来。面包虫爬不上表面光滑的陡壁，只要器皿外沿高于 1 厘米，它们就能老老实实呆在里面等着两栖动物过来吃。吃完后，要将培养皿取出来清洗晾干，下次再用。长久放在饲养盒里的培养皿会被两栖动物爬来爬去，弄得很脏，当外沿上沾染了太多污渍后，面包虫就可以借助这些小突起逃脱了。

杜比亚蟑螂

雌性的杜比亚蟑螂长得像土鳖，雄性的则像飞土鳖，这是我第一次看到它们时的印象。这种原产在南美洲的昆虫能被引进中国，要归功于以国内为只要销售市场的东南亚龙鱼贸易。龙鱼是价值很高的观赏鱼，它的观赏价值主要来自华人对龙图腾和金红色的喜爱，欧洲和美国人并不喜欢龙鱼。因此，一个看似利润很高的养殖产业，实际上销路却很单一。鉴于此，以马来西亚龙鱼业者为首的龙鱼经营人员绞尽脑汁开发出了一些周边的赢利项目，比如龙鱼的保健食品，包括人工饲养的蜈蚣、蟋蟀、大麦虫等，当然还有杜比亚蟑螂。龙鱼贸易者宣称食用这种昆虫能让龙鱼的营养更全面，体色更美丽，实际上吃什么昆虫都能为鱼类带来少量的这种效果。商人们之所以选择杜比亚蟑螂，是因为它们容易在马来西亚、新加坡等热带国家养殖。杜比亚蟑螂并不便宜，一个成体要 5 毛钱左右。对于那些龙鱼的主人来说，只要人家说对自己的龙鱼有好处就会成批的购买，就如同现在老年人盲目相信各种保健品一样。所以，繁殖杜比亚蟑螂成为了龙鱼饲养场非常可观的一笔副产品收入。

繁殖过剩的杜比亚蟑螂最先被用来喂养爬行动物，这种昆虫的蛋白质含量的确很高，而且外壳比面包虫更容易消化，还易于饲养和保存。这给那些

不能经常去水族宠物市场购买活饵的爬行动物爱好者带来了福音。随后，有人尝试用杜比亚蟑螂来喂养两栖动物，我就是其中的一个，原因是我也懒得每周都去市场为青蛙买蟋蟀。

我的试验并不成功。对于番茄蛙、角蛙和一些陆生的蛙类来说，它们还是很愿意接受幼体的杜比亚蟑螂。但蝾螈根本看不到杜比亚蟑螂，它们一被投放到饲养盒里就紧贴着盒底一动不动，任凭蝾螈在上面踩来踩去。蝾螈根本不知道这东西能吃，就如同踩了石子一样的忽略而过。树蛙就更难捕食杜比亚蟑螂了，因为一旦将杜比亚蟑螂放到树蛙的饲养箱里，它们就躲藏到缝隙里了，这些家伙可以不吃不喝在缝隙里一动不动地活半年。成年的杜比亚蟑螂简直不能用来喂养两栖动物，即使非洲牛蛙这样能吃善捕的动物也很难抓到它们。通常，蟑螂一进入饲养盒，就一溜烟儿地钻到了青蛙肚皮底下，随着青蛙移动。青蛙只知道肚子底下硌得很，但怎么也甩不掉它。

成年的雄性杜比亚蟑螂具有翅膀，但它们不会飞。与蟋蟀和面包虫一样，杜比亚蟑螂不能爬上表面光滑的物体，不像我们传统的蟑螂那样可以“飞檐走壁”。所以，在家中饲养杜比亚蟑螂是安全的。它们喜欢湿度大的温暖环境，爱吃苹果核和胡萝卜，温度在25～30℃时，雌蟑每月都能生20个左右小蟑螂，观察它们的生殖很有意义，比用它们喂养两栖动物意义大得多。雄蟑螂一生只和雌蟑螂交配一次，然后就死了，剩下的这个“寡妇”能活许久。精子在它体内得到了妥善保存，即使雄性死去了一年，它们仍能产仔。这是一种彻头彻尾的胎生昆虫，小蟑螂生下来的时候就有半厘米大，能够自己寻觅食物，躲避天敌，在温度低、环境干燥的时候还能靠休眠停止生长来延长自己的寿命，它们充分验证了人们给蟑螂家族的爱称：“小强”。

红　虫

蚊子的幼虫被称为孑孓，摇蚊的幼虫就是红孑孓，水族领域里，红孑孓被称为红虫或血虫。因为其体内蛋白质含量高，且含有大量血红素，红虫成为了一种高级的观赏鱼饲料。只要你想把鱼养肥养大，红虫绝对是最佳选择。在饲养两栖动物方面，红虫只用来喂养蝌蚪、幼体蝾螈、完全水生的小型蝾螈和成年的陆生两栖动物对红虫根本不感兴趣。

蚯　蚓

如果你新购买了几只陆生蝾螈，而它们却不吃东西，那么没有什么比蚯蚓更能吊起蝾螈胃口的了。我没有丰富的野外考察经验，但从家养两栖动物的观察上发现，蝾螈应当是最喜欢吃蚯蚓的，也许它们在野生条件下捕食最多的也是蚯蚓。

蚯蚓是常见的一种陆生环节动物，生活在土壤中，昼伏夜出，以畜禽粪便和有机废物垃圾为食，连同泥土一同吞入，也摄食植物的茎叶等碎片。小学的时候，我们就知道蚯蚓可使土壤疏松，改良土壤、提高肥力，促进农业增产，是农民伯伯的好助手。

为了让蝾螈吃饱，自己去野外挖掘蚯蚓显然是很麻烦的事情，没有经验的人即使掘地三尺也很难找到一条蚯蚓。我通常去家附近的渔具商店购买蚯蚓，喜欢垂钓的朋友需要蚯蚓作为鱼饵，于是渔具店提供了这项方便的服务。蚯蚓很便宜，两块钱就可以买几十条，它们被埋在发酵很好的腐殖土里，将蚯蚓喂完后，土还是很好的花肥。我向渔具店打听过蚯蚓是怎样挖掘到的，老板笑着告诉我现在已经有很多养殖蚯蚓的单位了。不过，冬天仍然得不到蚯蚓，可能是它太廉价了，养殖场不愿意投成本在供暖上。

我也饲养过蚯蚓，那需要一个透气的容器，塑料箱子绝对不成，夜间蚯

蚓会因为过度潮湿和缺氧而从土中爬出来，第二天早上房间地上到处都是蚯蚓干。陶土花盆很不错，里面放上一些君子兰土就可以饲养蚯蚓了，它们应当是吃发酵树叶上的小菌和土壤中的有机颗粒过活的。只要在这样的花盆里放几条大蚯蚓，3 个月后就能生出许多细小的蚯蚓来。

蛙类也吃蚯蚓，不过树蛙不吃，我喂它们的时候，树蛙会咬住蚯蚓，但很快就吐了，并且要不停地张嘴半天。我觉得树蛙可能不习惯蚯蚓身上的黏液，这种黏滑的虫子让它们感到很恶心。

蜗　牛

从我开始饲养两栖动物开始，只要是夏天的雨后就会忙着去墙边、树下拣拾蜗牛。我觉得蜗牛是我能提供给两栖动物最好的点心。许多两栖动物都喜欢蜗牛，包括挑嘴的疣螈和能吃的角蛙。蜗牛在各种市场都买不到，所以必须自己捕捉。幸运的是，一个城市里也就我这样一个疯狂热爱两栖动物的人，所以除部分调皮的小孩外，没有人跟我抢蜗牛。小孩子很好哄，我在忙的时候就用几块巧克力来雇佣他们，只要他们去帮我捉蜗牛，每 20 只就可以换一小块巧克力，这样每次得到的蜗牛都能供给两栖动物很久食用。

和蜗牛一样爬行缓慢的陆生蝾螈最喜欢吃蜗牛，它们非常有耐心地趴在那里看蜗牛怎样一只触角一只触角地伸展出来，然后让壳树立起来爬走，当蜗牛没走多远的时候，蝾螈就咬住它的壳，囫囵地吞下去。暴躁而急脾气的虎螈和许多蛙就没有这种耐心了，当蜗牛缩到壳里，它们总不能等其完全出来就去触碰蜗牛壳，这样蜗牛就更不出来了，如同石子一样一动不动，于是急脾气的两栖动物就放弃了，它们也许认为那就是一块小石子。

蜗牛的壳不能被消化，会随同粪便一起排泄出来。我第一次观察到蝾螈粪便里的蜗牛壳后，就对蝾螈肛门的大小赞叹不已。要知道，一只 10 厘米的蝾螈吞了一只壳直径达 1 厘米多的蜗牛，然后又把这个大壳完整地排泄出来。蝾螈的肛门大小至少是自己身体的 1/10。

蜗牛可以饲养在两栖动物的饲养箱里，让两栖动物自己捕捉来吃，但是蜗牛在饲养箱玻璃壁上爬行时会留下一行行的黏液痕迹，影响观赏效果。

跳　蛛

跳蛛是生活在河边草丛里的一种蜘蛛，养鸟的人在夏天大量捕捉，用来喂养山雀、秀眼和靛颏，它们给跳蛛起了一个很诡异的名字“三道门儿”。据说是和神鬼妖怪有关系，形象上是指跳蛛身上纵向的三道黑线。养鸟的人认为，鸟吃了“三道门儿”可以清火，帮助它们换羽毛，而且叫声要比没有吃跳蛛的鸟好听。我没有饲养过这些鸟，不清楚这种说法是否有科学依据，不过现在鸟市上总有跳蛛出售，即使是严寒的冬季也不会断货，就是贵一些。我之所以用跳蛛来饲养两栖动物，只是因为它们起到增强体表颜色的作用。我先后用火蝾螈和番茄蛙实验过，跳蛛的确让它们增色不少。不少两栖动物之所以具备美丽的颜色，是因为体表能分泌有毒的液体，而鲜艳颜色起到了对其他动物的警告作用。两栖动物的毒很多来自它们捕食的毒虫，在人工环境下，考虑到人的安全，我们很少给两栖动物吃有毒的虫，这让许多动物的毒腺逐渐失去了效果。也可能是因为缺少有毒动物体内特殊元素的补充，人工饲养的有毒两栖动物多数没有野外个体鲜艳。于是，我决定用一些至少对我无大伤害的有毒虫子喂养一些两栖动物，看它们的颜色是否能恢复到野生状态。

这个实验是成功的，之所以在毒虫方面我选用了跳蛛，是因为它们容易得到，而且对人没有伤害。跳蛛具有有毒的门牙，在它们捕食其他小昆虫的时候，就用门牙咬住向其体内注射毒液。我用跳蛛喂养的番茄蛙和活蝾螈要比不用跳蛛喂养的颜色鲜艳许多。

鱼

只有很少一部分两栖动物吃鱼，其中包括角蛙、牛蛙、小丑蛙、虎螈、六角恐龙以及大鲵，其他两栖动物，即使是经常泡在水中活动的蝾螈和泽蛙，对鱼都是置之不理的。我认为除大鲵以外，其余两栖动物的吃鱼习性纯粹是在人工环境下养成的。

如生活在草原和雨林的角蛙和非洲牛蛙，在野生条件下可能一辈子都没有见过鱼，而在人工环境下，我们将小河鱼放在没有水的饲养盒里，或用镊子夹着放到蛙的嘴边上，鱼一挣扎就被蛙吞掉了。也许那蛙根本就不知道自己吃的到底是什么东西，只是能够充饥罢了。小丑蛙和六角恐龙算是生活在水中的两栖动物，但它们笨拙的体型也很难抓到野鱼，而人工条件下，我们将许多的鱼放在狭小的空间里，不准它们逃跑，两栖动物自然可以随意杀戮。至于虎螈，它原本是彻头彻尾的食虫动物，我们用鱼喂养它们，是因为鱼比蟋蟀更便宜，比面包虫更容易消化。虎螈什么也不懂，只知道会动的东西就可以吃。

不论哪种两栖动物（除大鲵）都不可以单一用鱼来喂养，鱼只适合在食物匮乏的时候偶尔充饥，如果长时间用鱼喂养两栖动物，它们会因营养不良而患病，毕竟消化昆虫的肠道不适合消化鱼类。给我提供新奇两栖动物的贸易商曾为了节省成本，一直用鱼喂养一小群虎螈，结果不到两个月，那些虎螈全都驾鹤而去了。

蛙

牛吃了搀有牛下水粉制成的饲料就会患疯牛病，但牛蛙即使活吃同类也不会得“疯蛙病”。大型的陆生蛙类都有吞吃同类的习惯，蝾螈和树蛙却从来不会。成年的角蛙、非洲牛蛙和小丑蛙一般可以用一些小型蛙类来喂养，没有什么饲料比同是两栖动物的青蛙更符合它们的营养需求。考虑到环境保护，我们不应当用野外捉来的青蛙喂养自己的宠物，更不应当自己享用。捕捉野生青蛙对生态平衡是有很大破坏的，而且野生蛙很不卫生，它们生活在池沼里，身体里含有大量寄生虫，这些寄生虫既可以传染给你也可以传染给

你的宠物。

通常，用来当饲料的蛙有两种，一种是光华爪蟾，另一种是东北林蛙。前者最早是一种实验动物，它们是白化个体，和小白鼠一样具纯隐性的基因，在医学上可以实验各种细菌感染和辐射变异。由于亚洲龙鱼的火爆，这种在实验室繁殖过剩的蛙也成了龙鱼的一种滋补品，被大量销售，所以水族市场很容易买到。用它们来喂养成年的角蛙和牛蛙是很合适的，但很奢侈。同时，光华爪蟾本身也是一种廉价的观赏动物，迷信的商人还给它们起名叫“招财金蛙”。东北林蛙的养殖业已经比较发达，虽然林蛙在不同地区都受到保护，但养殖的个体却可以随意买卖。林蛙油是非常好的滋补品，许多人都常年服用。满汉全席里的清蒸蛤唻蟆指的就是林蛙，这种美味以前价格很高，但现在东北林区养殖得越来越多，也就变得稀疏平常了。我们可以在各地的东北土特产专卖店里购买到活的林蛙，40 ～ 50 元一市斤，一斤林蛙足够你的角蛙吃一年。不过，由于林蛙不是实验室动物，养殖场多是露天围网形式的，多多少少还是带有一些寄生虫在身上。我们在吃林蛙的时候寄生虫随着加热死去了，而角蛙不吃清蒸的林蛙，所以容易被感染。因此，不是特殊情况需要的话，最好不用这种活饵。

小白鼠

对于体型足够大的两栖动物来说，用小白鼠喂养简直是太完美的事情了。刚生下来没有睁开眼睛的白鼠称为乳鼠，身体里含有大量的初乳养分，什么动物吃了都大有好处，当然我不吃，因为恶心。角蛙、非洲牛蛙都喜欢吃成年的小白鼠，而对于乳鼠，能接受的两栖动物不下 10 种，包括火蝾螈、虎螈、六角恐龙、老爷树蛙、番茄蛙等。吃乳鼠的两栖动物会格外健壮，因为乳鼠有如下的优点：

第一，干净卫生。虽然小白鼠闻起来臊哄哄的，但它们是纯粹的实验室动物，没有外界的细菌和寄生虫污染，不会让你的两栖动物患病。

第二，营养丰富。小型哺乳动物含有的钙质、维生素、蛋白质和脂肪。微量元素也要比其他低等动物高许多，用小白鼠喂养两栖动物基本就不用在食物中添加任何保健品了，比如钙粉和维生素粉。

第三，适口性好。小白鼠骨骼很软，两栖动物吞咽一只 3 厘米长的乳鼠，比吞一只 2 厘米的蟋蟀还容易。

第四，排泄物也干净。大型两栖动物一次会拉很多，这些粪便经过长时间的消化，味道十分难闻。有人认为喂老鼠后排泄的粪便应当更臭，但实际上，按照所喂食物后排泄出粪便的恶心程度划分，老鼠消化后的气味是最能令人

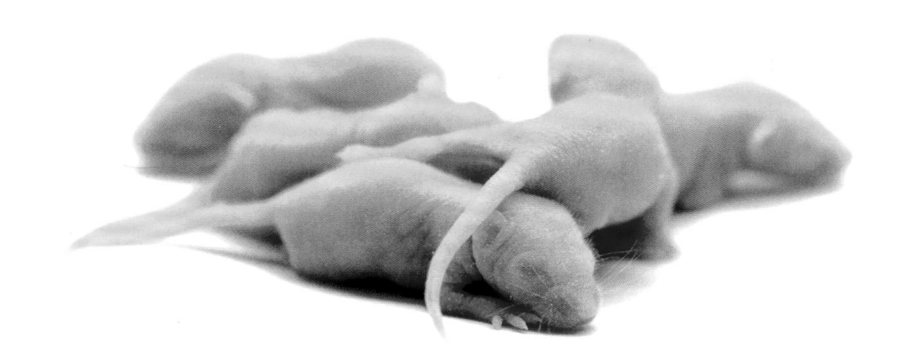

接受的。吃鱼和吃青蛙排泄的粪便最臭而且呈稀糊状，里面还可能搀杂寄生虫和虫卵，清理起来十分麻烦。吃昆虫拉出的粪便好不到哪儿去，如同一团散发臭气的焦碳。吃小白鼠排泄的粪便是呈现暗粉色团状的，外表非常光滑，里面裹着无法消化的毛和少量骨头。这些光滑的粪块只要不被打开并不太臭，而且很紧密，可以用镊子轻松地夹出来，很少沾染在盒子和垫材上。我喜欢将这些粪块埋在自己的花盆里，于是我的倒挂金钟开放得很好。

营养添加药物

给两栖动物的食物中添加一些营养物，完全是照搬爬行动物的饲养模式。通常用的药物也一样，只有两种钙粉和综合维生素。爬行动物还要特别补充维生素 D，虚弱了还需要补充少量电解质，而两栖动物完全不用。

我认为，如果你不是用小白鼠喂养两栖动物，或者你的两栖动物不能吃下乳鼠，那么你就需要为它们定期补钙。当然，对于完全成年的两栖动物来说，补不补也没有太大关系。幼体处于生长期，对钙的需求略大。当然，这只是针对两栖动物内部的对比，对于有壳的爬行动物、需要下蛋的鸟来说，软骨的两栖动物所需要的钙量简直是微乎其微。如果我们将给爬行动物或者鸟补钙的方法使用在两栖动物身上，剂量减少到它们用量的 1/10 就足够了。对于爬行动物，许多宠物公司都开发了专用的钙粉，这种钙粉并不便宜，成长中的陆龟，2 只也就能用掉一罐。也可以用人服用的钙片碾碎成粉末来代替，它们的成分基本相同。一只陆龟的需钙量能让两栖动物享用多久呢？答案是：100 只角蛙 5 年用不完。实际上，你只需要在两栖动物的成长期，每个月给食物里增加一些钙粉就成了。方法很简单，将蟋蟀放在盛有钙粉的盒子里一摇晃，它们就裹成一个“面人”了，然后拿去让蛙或蝾螈吞了，补钙全过程就结束了。如果嫌钙粉、钙片太贵，喂鸟的墨鱼骨也成，通常我们在家养鸟快下蛋的时候将墨鱼骨粉末搀杂在鸟食里，它们吃了蛋壳才硬，否则就下软蛋。两栖动物不用下蛋，所以用量也可以参照钙粉的使用方法，一点点儿就够了。

对于两栖动物所需要的综合维生素来说，可以用两种方法为它们补充。一种是如上面补钙的方法把饲养爬行动物用的维生素粉，或人吃的综合维生素片碾成粉裹在蟋蟀身上让它们吃下。还有一种办法是喂给饲料动物含有综合维生素的食物，等它们吃肥了再把它们喂给两栖动物，这种方法比上一种还好，吸收得更充分而且纯天然。

比如：可以用胡萝卜、湿黄豆、油菜、玉米喂养蟋蟀 2 周，然后用这种蟋蟀喂两栖动物，或者用维生素面包配合干胡萝卜片喂养面包虫，然后把它们给两栖动物吃等。让虫子和老鼠吃得好一点儿的办法很多，我就不一一举例了。总之，我只是在最开始饲养两栖动物的时候使用过维生素粉，之后就一直采取给饲料动物补充营养的办法，间接为两栖动物提供所需的维生素。

可以用来给两栖动物补钙和补充维生素的药物

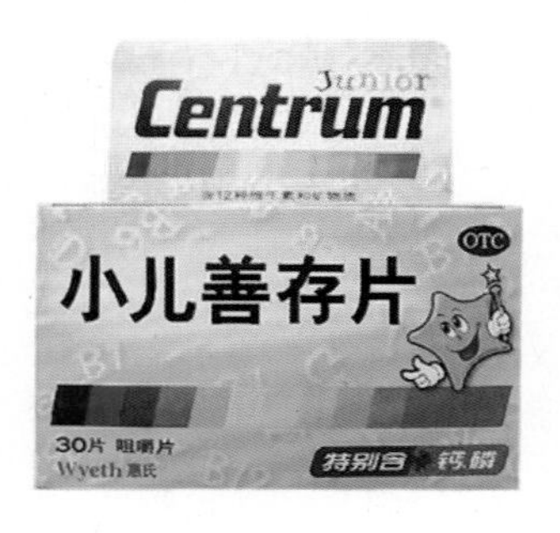

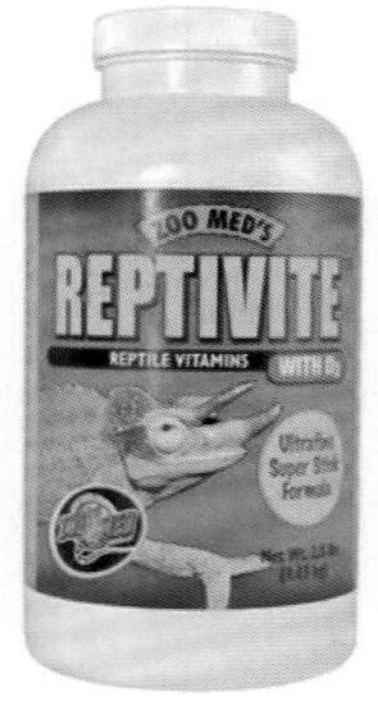

保证饲养水质的优良对培育好两栖动物非常重要，图中的大鲵幼体需要非常清洁的水质环境

关于用水

水对两栖动物来说极其重要，虽然它们已经不用再像鱼那样终生生活在水中了，却无时无刻离不开有水或潮湿的环境，即使最耐干旱的蟾蜍在离开潮湿环境几个小时后也会脱水死亡。生物进化学告诉我们，鱼永远生活在水中，所以从来不用考虑自己的皮肤是否能够保存体内的水分。当它们进化成两栖动物登陆后，这种透水性太强的皮肤让它们的活动受到了制约。在空气里，两栖动物体内的水分会大量蒸发出来，这种速度可能比我们因为炎热出汗的速度快很多。当两栖动物的一个分支进化到爬行动物后，它们就长出了能锁住水分的鳞片和厚皮，于是爬行动物可以进入大陆的腹地。

由于两栖动物皮肤的特性，它们是在家养观赏动物中仅次于鱼的最需水动物。你给两栖动物提供水的质量好坏，直接影响着它们的健康。有些两栖动物适应了污水中的生活环境，对水没有太多的苛求，我们家中的自来水对它们来说已经是奢侈品。大多数两栖动物在野生情况下，是生活在洁净的溪流边、雨林或水草丰沛的湿地边缘，这些品种的生理要求远不是自来水能满足的。因此，我们必须为两栖动物准备适合于它们生活的淡水。

温带池塘、草原和农田边生活的两栖动物所需要的水

池蛙、泽蛙、大蟾蜍、红腹蝾螈、虎螈等动物就居住在我们城市的周边，或者是居住在美国人生活的城市周边，因此它们适应了和人类使用同样的水源。自来水、井水和池塘里的水都能用来饲养它们。当然，使用这些水的时候，要注意消毒工作。自来水已经被自来水厂进行了杀菌处理，可以放心使用。当用自来水饲养年幼的两栖动物和蝌蚪时，需要进行曝气处理。相信只要饲养过观赏鱼的朋友都理解曝气的作用，把自来水放在盆或者桶里在太阳下晒 2 天，或者阴凉处放置 3 天以上就可以去除水中的氯，氯是自来水厂故意放进去的，它有抑制和消灭水中细菌的作用，让我们喝了不至于拉肚子。氯对鱼和两栖动物都是有害的，对盆栽花卉也有影响，但凡用自来水养东西，都要曝气去氯。如果你想让水中的氯去除得更快一些，可以用一个小气泵向水中打气，这样曝气的速度可以缩短一天。在饲养观赏鱼的时候，我们常用海波（硫代硫酸钠）来快速去掉水中的氯，这种方法不适用于两栖动物，因为海波和氯一样对它们的敏感皮肤有害。

居住在比较老的楼群、小区中的朋友，要谨慎使用自来水饲养两栖动物，这些小区的水管往往存在老化问题，铁和一些其他金属物质会微量地溶解在

水中，这些金属物质对我们是无大碍的，但两栖动物会很敏感，长时间使用含有一定量金属离子的水饲养它们，会造成皮肤分泌物增多，甚至皮肤溃烂。从这点来看，两栖动物也是你家中自来水质是否优秀的测试动物。

温带、寒温带溪流、山林生活的两栖动物所需要的水

小鲵、大鲵、火蝾螈、理纹欧螈、林蛙等动物生活在幽静、阴冷的山林溪流边，这里的水要么是山泉水，要么是高山上融化的雪水。这些水非常洁净，雪水甚至可以用纯净来形容。所以，饲养这类两栖动物时，自来水是不能达标的。泉水中含有一些矿物质，但水不硬，和同样含有大量矿物质的井水不同，山泉水的 pH 一般呈中性，硬度也不高。雪水就更软了，如果它不流过熔岩区域或石灰岩地带，就和纯净水没有太多区别了。有什么水能达到这样的标准呢？我实验了，饲养这类两栖动物最好的用水是矿泉水。当然，如果你家不在山边上，就必须去买矿泉水，不论什么牌子的都很好用，不过这样很奢侈。在家里安装一个纯净水机也可以得到无杂质的纯净水，用 2/3 纯净水混合 1/3 自来水来饲养山林栖息的两栖动物是很合适的。不过，最好要勤换水。山溪中的水不停流动，保持了两栖动物所生活的水环境中营养盐（硝酸盐、磷酸盐）和氨含量非常低，这些副产品是从两栖动物的排泄物和分泌物里分解出来的，在家养的不循环小环境中，一次喂食就能让水中的氨达到鱼忍受不了的数量，所以必须经常换水，最好每天都换。

在饲养山林生活的两栖动物时，还要注意将水温控制在冰凉的状态。什么是冰凉呢？当然，不用像冰镇汽水那样达到 4℃，但要保持在 5 ～ 18℃。因为山泉水就是这样的温度，在上万年的进化里，生活在这样环境中的两栖动物已经只能适应这种温度的水，水温太高，肯定会影响它们的健康。也许你会庆幸，有时将火蝾螈饲养在 20℃以上的环境里，它还很快乐，别高兴得太早，过一段时间你看看，它要不病才怪呢。

热带、亚热带池塘、水坑、草原和沼泽生活的两栖动物所需要的水

番茄蛙、非洲牛蛙、角蛙、所有的疣螈等动物生活在热带、亚热带的池沼地带，那里的水受到大量腐殖物的影响并不十分干净，但和我们身边的水不同，那些水呈现酸性。这主要是因为水中有大量的落叶、树根、水草等，这些活的或死的植物释放出大量的丹宁酸，让水呈现酸性。马来西亚、亚马逊的一些地区水的 pH 只有 4 ～ 5，而我们的自来水的 pH 在 7 ～ 7.2，要知道 pH 是一个对数值，差 1 度可差得不是一星半点儿。很多人在用自来水饲养热带两栖动物的时候，往往总是皮肤病缠身，那都是让高硬度高 pH 的水

给“烧”的。为了让这些动物能快乐地生活，最好使用低pH的软水，可以用离子交换树脂得到软水，或者使用前在水中浸泡橄榄叶（这种叶子在出售龙鱼的水族商店里有卖），来降低pH。虽然浸泡过叶子的水呈现茶色，但不会影响两栖动物的健康。

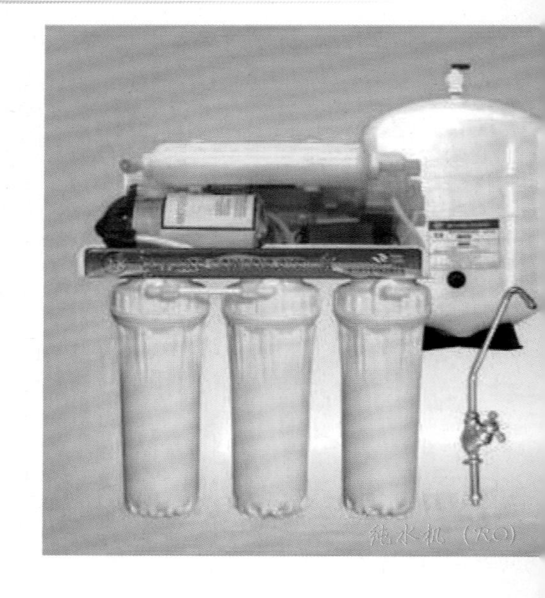
纯水机（RO）

热带雨林里生活的两栖动物所需要的水

绝大多数用于观赏的两栖动物来自热带雨林，特别是亚马逊雨林。几乎所有颜色鲜艳的树蛙和箭毒蛙都来自那里。在热带雨林中，水的唯一来源就是雨，那里没有池塘和溪流。不过雨林中降雨是每天的例行公事，所以水是非常丰沛的。雨水在没有受到空气污染前是纯净的，它是通过蒸馏作用到达天上，所以不含有任何杂质。这样，雨水的硬度（总硬度和钙、镁离子硬度）是零。而雨林的上方，因为有大量的树木枝叶，当雨水通过这些植物和它们的“尸体”时，就被酸化了，成为一种弱酸性而且非常软的水，自来水、井水、河水都达不到这个标准。雨林中的动物对水的质量最敏感，用自来水饲养红眼树蛙和箭毒蛙3天，它们的眼睛就会起白茧，失明。所以，必须用纯净水来饲养这些两栖动物。

当然，现在得到纯净水已经不是很难的事情了，只要安装一台家用纯水机，并定期更换过滤芯就可以了，这种机器用隔膜反渗透原理去除水中的杂质和矿物，再通过树脂、活性炭等物质，把水变成纯净水。不过，我有很长一段时间里没有机会享受这种便捷，因为我租住别人的房子，而纯水机是不方便安装和拆卸的，所以那段日子里必须一箱一箱地去超市里购买纯净水。

并不是所有两栖动物在对水的适应方面都不能被驯化，通常人工繁殖的个体都能适应自来水。比如，我一直用自来水饲养角蛙、非洲牛蛙、小鲵、红瘰疣螈，因为它们生出来就生活在自来水的环境里，所以并没有出现异样。但人工繁殖的红眼树蛙和箭毒蛙不能适应自来水，这可能是雨林动物在进化上过于稳定，而对环境适应能力下降的明显现象。不论怎么说，要记住，只要你给两栖动物提供的食物营养全面，即使所有动物都用纯净水来养，也会带来非常好的效果。

疾病与用药

环境卫生非常重要，所有的两栖动物疾病都是因为：你的疏忽和懒惰，没有及时清除粪便和残饵，没有定期换水，没有把动物生长蜕的皮清理出来……在家养条件下的两栖动物所能患的疾病并不多，要比其他观赏动物和宠物都好打理。两栖动物一旦患病就很难治愈，它们的新陈代谢太缓慢了，“病去如抽丝”这句谚语，对于两栖动物来说要加一个“更”字。我的经验是：两栖动物疾病预防要比治疗更重要。有的时候，如果两栖动物成批地患病，那么，你就等着把一条条尸体扔进垃圾桶吧。几乎所有的药物对这种身体裸露的动物都是有害的，即便有少量的被治愈，也会丧失一些生理功能。所以，保持饲养环境、用水和食物的干净是非常重要的。两栖动物不会感冒、也不得心脑血管疾病，致使它们死亡的只有细菌和寄生虫。

我没有系统地研究过两栖动物的病理学，虽然曾经看过几本林蛙和牛蛙的科学饲养教科书，但如同嚼蜡般的文字，让我看完就几乎全忘了，根本没有去实践。我对两栖动物疾病治疗的经验，完全依仗我对鱼类疾病治疗的了解。很庆幸，多年的观赏鱼养殖经验让我还能算是一个不错的鱼病专家。针对观赏鱼疾病的复杂性和治疗的繁琐，给两栖动物治病简直是一种游戏。有些时候，虽然我的两栖动物也会不治而终，但我确信我用的药还是很对路的。下面，就细菌和寄生虫类疾病的病发情况和治疗用药物做以介绍。

细菌、真菌类疾病

蟾蜍、瘰螈、疣螈等体表粗糙具有疣粒的两栖动物很难被细菌、真菌感染，它们的皮肤似乎就是一种天然的抗菌保护层，即使饲养环境很肮脏，只要皮肤不破损就不会感染。而体表光滑的两栖动物就要容易被细菌感染得多，多数树蛙是个例外，比如我饲养的老爷树蛙和小雨蛙很少感染。

虎螈、火螈、云石蝾螈和角蛙是细菌、真菌骚扰的常客。感染后的症状先是体表大量蜕皮，之后皮又蜕不下来了，黑腊层一样地黏在身上。随着感染的严重，会出现体表溃烂，甚至脚趾头腐烂消失。我不是实验室的科研人员，没有对照过显微镜下的切片调查清楚到底是什么细菌感染了这些两栖动物。实话实说，即使给我显微镜，我也不认识各种细菌。不过，只要是早期的症状，就能用我的办法将其治愈。

首先，当两栖动物出现大量蜕皮的时候，要注意它是正常蜕皮还是感染

细菌感染让蝾螈失去四肢

性蜕皮。正常蜕皮是两栖动物生长中的必要过程，这种皮蜕下来是基本完整的，而且在蜕皮的时候，两栖动物的新皮肤非常光滑湿润。感染性蜕皮则是残破的，而且新皮肤干涩，多伴随有腹部红肿发炎，也许这就是养殖类书籍上写的红腿病。不管是什么，只要发现得早，用些抗生素浸泡几天，然后彻底给饲养环境消毒就能治愈。在选择抗生素的时候，最佳的是畜用庆大霉素。青霉素和氯霉素也管用，不过药“劲”太猛，许多两栖动物承受不了。这和娇贵的观赏鱼是一样的，如果你养过七彩神仙，那就按给它们治疗的方法给两栖动物下药吧，非常稳妥而奏效。当然，没养过神仙鱼的朋友多，那么，你可以在250毫升的纯净水中，放兽用8万单位的硫酸庆大霉素注射液3支，每天早、晚各换水换药物一次。3～5天后，将两栖动物离水放在潮湿的环境下，干养一周，多数时候就痊愈了。痊愈的表现是，身体上的皮全部脱落一层，新皮肤变得光滑湿润。有时，疾病期的老皮会纠缠在动物身上脱不下来，放一盆纯净水，让动物在水中游几十分钟，皮就下来了。

有时候，在没有抗生素的情况下，用点儿淡盐水浸泡两栖动物也能起到一定的作用。盐水的浓度控制在500毫升水放2克盐。两栖动物不能长期泡在盐水中，最多泡半小时就必须捞出来放到纯净水中静养。盐水的治疗效果不是很好。盐和抗生素不能同时使用，我有血的教训，那样一定是会害死动物的。

对于树蛙和不喜欢泡在水里的蝾螈，利用抗生素或盐治病肯定是不现实的。树蛙不会老实地蹲在水里自己做“SPA”，火蝾螈和云石蝾螈如果被泡在高于自己身体的水中会非常紧张。因此，必须选择更好的办法在相对干燥的环境下为两栖动物进行治疗。抗生素在干燥环境下，被两栖动物吸收的很少，药力不足，而沙星类药物是个很好的替代品。我最早使用沙星类药物是为耐药性很差的观赏鱼治疗因严重寄生虫伤害后导致的细菌感染，这类药物给了我非常好的印象。因为，它们是那些害怕抗生素和重金属的观赏鱼的福

上图：由于细菌感染造成体表分泌物增多，而死亡的番茄蛙

下图：由于细菌感染造成腹部红肿的虎螈

音，如果没有这类药，大规模处理七彩神仙和小丑鱼的细菌感染都十分麻烦。

两栖动物和娇贵的鱼类一样，也对抗生素和重金属盐很敏感，但能接受沙星类药物。在我的治疗经历里，没有一只两栖动物对我所使用的氧氟沙星和洛美沙星有不良反应，因此，我确认这些药物是安全的。哪里能搞到氧氟沙星和洛美沙星呢？药店。不过沙星类药物都是处方药，药店不会轻易卖给你。你必须说服药剂师，告诉他你是为你的青蛙或者鱼治疗，不是自己用，然后留下身份证号码和联系方式才能得到。有一次，一个非常恪尽职守的药剂师在没有处方的情况下，就不卖给我洛美沙星滴眼液，我对他的敬业精神既钦佩又无奈。不论我怎么解释，他就是不相信青蛙也能当宠物，并且能使用人用药。于是，我迫不得已地将蛙带到了药店，并现场为他解释我将怎样用药，还承诺如果他将药卖给我，我可以现场用，用后把剩下的药积存在药店，明日再用时再来。他终于妥协了，把药卖给了我，不过仍然觉得我有些歇斯底里。我想，作为药剂师，是否也应当补充一点博物学知识呢？

盐酸洛美沙星滴眼液对于树蛙的细菌感染十分有效，特别是当树蛙来到新环境后，它们会因为紧张而到处乱跳。头部经常会撞伤，这些伤口很容易在潮湿并充满各种细菌的环境里感染。只要用盐酸洛美沙星滴眼液滴在伤口上，每天两次，不到一周，这些伤口就能基本痊愈。同样的方法也适用于身体局部感染造成的溃烂。

对于蝾螈的大幅度感染，洛美沙星滴眼液显然是杯水车薪，这时要使用氧氟沙星药片，可以将药碾碎，涂抹在蝾螈身上。或者将药末溶解在纯净水中，用来短时间洗浴蝾螈身体。不必刻意地在乎用药量，多一点儿还是少一点儿都是无大碍的。氧氟沙星还可以用来给病螈灌服或注射，如果这样使用，要两栖动物体重与成人体重的比例，算出药量。不过，由于两栖动物有吸收能力很强的皮肤，口服、注射和浸泡的治疗效果差异不大。

理论上，环丙沙星应当也能用来治疗两栖动物疾病，因为在观赏鱼用药上，氧氟沙星和环丙沙星是通用的。我没有实验过，如果你感兴趣可以试一试。

寄生虫类疾病

几乎所有从野外捕捉的两栖动物都携带有寄生虫，因为它们生活在潮湿而阴暗的地方，这些地方同样是各种寄生虫的天堂。对于只想养一只蛙作为宠物的人来说，一只人工繁殖的角蛙是最佳选择，它们从生下来就与大自然隔绝，体表和体内很少携带可恶的病虫。林蛙、泽蛙和牛蛙是体表寄生虫的主要携带者，寄生虫在它们的皮肤上生长繁衍，并伴随它们一生。野生的蛙类寿命很短，不是它们活不长，而是寄生虫过早地夺去了它们的生命。在人工环境下，由于环境狭小，温、湿度稳定，寄生虫繁育得更快，会进一步缩短两栖动物的寿命。那么，怎样杀死这些可恶的虫子呢？

为鱼类、鸟类和哺乳动物除虫的药物肯定不适用，这些药物的化学成分太会破坏两栖动物敏感的皮肤，在虫子还能与药抗衡的时候，蛙自己已经“game over”了。还好，我们生活在东方文明古国，我国有璀璨的中医药文化。简单的一种草、一块根就能除去两栖动物身上的虫子。比如生姜，就是菜市场那种重要的作料，常和蒜和葱一起用来炖鱼的姜。切两片泡在饲养两栖动物的水中，就可以让寄生虫从两栖动物体表脱离。同时具备这种作用的还有干辣椒、麻椒和荜拨（中药店和麻辣火锅作料摊上都有），当然，效果最好的还是生姜和辣椒。辣椒、麻椒和荜拨不能放多，否则对两栖动物有害，用量控制在每升水 5 克辣椒、麻椒或 1 克荜拨就是恰到好处的。还要说清楚，中药的治疗速度很慢，用这些调料草药就更慢了，没有半个月是不会彻底完成治疗的。

你可能会问我是怎样知道这些调料可以治疗驱除两栖动物寄生虫呢？首先，我并不太了解两栖动物寄生虫的类别和属性，只知道主要的寄生虫是吸虫类。我也没有研究过吸虫对什么药物最敏感，以上除虫方法是从金鱼养殖那里借鉴过来的。在大规模养殖金鱼的时候，天然坑塘中不能使用重金属药物，而所谓无公害的药物对一些顽固的水生寄生虫来说如同假冒耗子药一样不奏效。有经验的渔工在鱼类寄生虫疾病高发的春秋季节，会成麻包地向池塘里投放生姜和辣椒，于是这些池塘中的金鱼就能免遭寄生虫的侵扰。我把这个方法平移到两栖动物身上，发现果然奏效。于是，我到处传播给更多的两栖爬行动物爱好者，并跟他们说，在饲养爬虫前好好地研究一下观赏鱼是非常重要的。

更多的两栖动物携带有体内寄生虫，在它们的肠道里，线虫子、蛔虫是常客。这些虫子来源于两栖动物囫囵吞枣的捕食方式。在每一只两栖动物进食的时候，都会将昆虫、蚯蚓或者蜗牛身上沾染的土和杂草一起吞到肚子里，即使在人工环境下也是一样，取代土和杂草的是苔藓和海绵碎末。这些杂物不能被消化，会随着粪便被排泄出来，而土、草和苔藓中携带的寄生虫卵就留在了两栖动物体内，在它们的肠胃里茁壮长大，生儿育女。

要定期为两栖动物驱除体内寄生虫，就如同我们小时候要定期吃蛔虫药一样。还好，驱除体内寄生虫是所有两栖动物疾病里治疗最简单的一种。可用的办法很多，也非常奏效。中药的办法是用大蒜素，超市里有售，液体小瓶装。把大蒜素用针头注射到蟋蟀、面包虫的体腔里，然后喂给两栖动物。服用这样的饵料 2 ～ 3 天后，两栖动物就会排便，比正常排便要早，如果你仔细用放大镜观察，粪便里混杂着许多活着或死了的寄生虫，并且含有强烈的大蒜味道。赶快清理掉这些排泄物，坚持每半年为家养两栖动物除一次虫，效果非常好。比大蒜更奏效的除虫药是甲硝唑，从药店买来后碾成粉末，或如钙粉一样裹在蟋蟀身上，或融化到纯净水中注射到蟋蟀体腔内喂给两栖动物，1 ～ 2 天后就能见效。

有的时候，我们还可以给饵料蟋蟀注射一些抗生素类药物，用来治疗两栖动物体内的细菌感染。这个方法同样是从观赏鱼治疗方面借鉴过来的，龙鱼和大型慈鲷也是用这种方法驱除体内寄生虫的。其实，所有食虫动物在还能自由进食的时候，都可以用这种方法除虫。

用药的治疗禁忌

其实，这一节里最关键的部分是两类疾病的用药禁忌，这些经验都是我的一部分两栖动物朋友们用生命给我换来的，这一定也对所有喜欢两栖动物的朋友都非常有用。

呋喃类药物对两栖动物是有害的

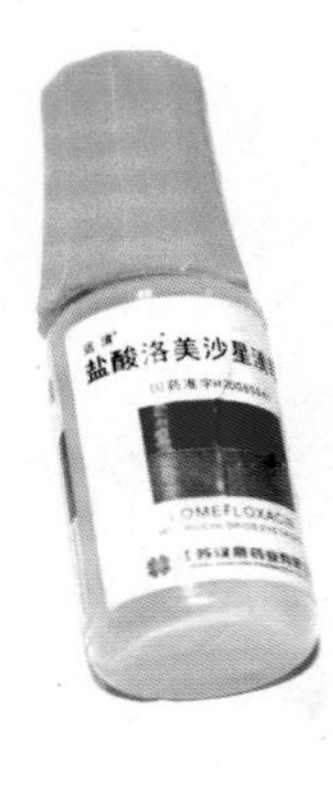

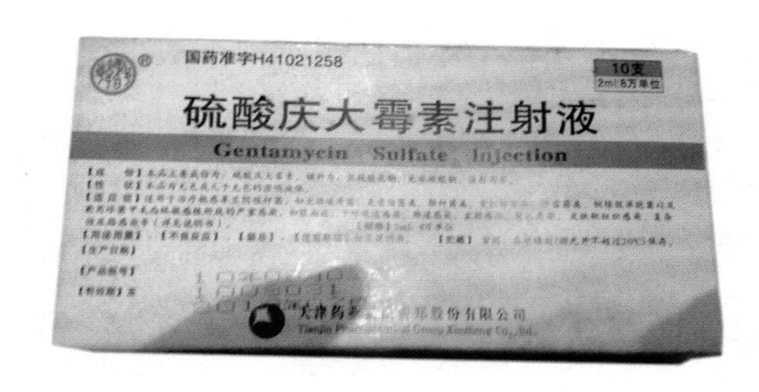

以上两种是我给两栖动物最常用的药

首先，通常给鱼类预防细菌感染的土霉素、金霉素、呋喃西林、呋喃唑酮，还包括成品观赏鱼药“黄粉”，不能用来浸泡两栖动物。这些药在水中会夺走氧，呋喃类还会阻塞两栖动物皮肤上细小的呼吸孔（皮肤是多数两栖动物最重要的呼吸器官），使它们窒息而亡。

第二，树蛙不能接受抗生素，所有的树蛙，如果浸泡在抗生素溶液里超过 4 小时都会死亡。我不清楚这是为什么，但是已经有好几只树蛙因为我为它们洗庆大霉素浴而丧了性命。其中包括：美国斑背树蛙、老爷树蛙、大树蛙、牛奶蛙、芦苇蛙。不过，树蛙的自愈能力很强。如果你的树蛙有轻微细菌感染的话，少量的用些沙星类药物，并赶快清洗消毒饲养器具，用纯净水饲养，它们就能很快康复。

第三，绝对并能使用甲醛、过氧化氢、双氧水、高锰酸钾等氧化剂为两栖动物杀灭体表细菌，最好连刷洗消毒饲养盒都不用这些东西。两栖动物的皮肤对强氧化剂非常敏感，只要一点儿，就能让它们去见阎王。

第四，不能使用重金属药物，硫酸铜、硝酸亚汞、孔雀石绿等药在杀灭鱼类寄生虫上非常奏效，虽然现在它们已经是禁用药物，但在观赏鱼市场上仍能买到。由于没有专业的科学家像给食用鱼研究环保药物那样，研究观赏鱼药物，所以一些观赏鱼养殖户如果离了这类药物就等于破产。两栖动物不能接受重金属，少量的重金属药物虽然不会马上杀死它们，但会造成中毒，导致慢性伤害致死。

第五，所有药物必须配合纯净水使用，不能在浸泡治疗的时候使用自来水。自来水并不纯净，里面有些我们不知道的东西很可能会与药物反应，对两栖动物造成危害。

结束语

友人赠送了我一顶绣制有中国渔政徽章的小帽，我一直是如珍宝般收藏。虽然，我现在只能算半个渔业工作者，对中国渔政的其他职能并不关心，独觉得保护水生野生动物的职能应当加大力度。多年来从事观赏动物贸易以及相关行业，让我了解到许多动物正在慢慢消失。当我们一提到保护动物的时候，总是先想起大熊猫、大猩猩等超级大“明星”，却自然而然地忽略了身边的小动物，特别是水生动物。

以前，饲养并收集野生动物的爱好绝对是一种破坏自然的行为，虽然这种行为没有食用和药用对动物种群威胁大，但很严重。因为动物收集者总喜欢寻找最奇特、最珍贵的物种，而这类的动物往往最濒危。随着21世纪后人类在观赏动物养殖方面的开发，大多数鱼、两栖动物、爬行动物、鸟和小型哺乳动物都已成功地人工繁育，特别是鱼和两栖动物，它们很高产，人工繁育个体足以满足爱好者的需求。这样，收集动物的爱好对自然的破坏已经微乎其微。但一些地方食用野生动物的习惯仍然存在，有些人甚至认为吃家养动物没有吃野生动物滋补身体，味道也不甚鲜美。

一些商业性动物园、水族馆为了追求利益最大化，在饲养动物时，不引进高级技术人才，也不使用先进的设备。这造成了很多动物的无辜受害，鱼、两栖动物和爬行动物是最严重的，因为它们本身的贸易价格要比电费、水费、设备费和人工费低廉许多，水族馆的老板宁愿每年补充几批鱼，也不愿意在饲养方面多加一分钱成本。问一问海南的渔民就知道，目前飞速增加的海洋馆数量，已经让很多美丽的海洋鱼类资源近乎枯竭。

在这本书的最后，我想用这段话来作为结束语，希望每一个养动物或者从事与观赏动物相关行业的朋友，能真心地理解动物、爱动物、做一些力所能及的事去保护动物。

附录：常见两栖动物速查图鉴

之所以要加这个附录，主要有两个原因。其一，是受到篇幅限制，本书无法将所有在观赏动物贸易中流通的两栖动物都罗列出来，其中连我饲养过的都不全。这是一个遗憾，所以我增加了一个简单的动物附录。其二，我知道许多初学者购买此书的目的是为了以最快的方式了解动物的习性、产地和基本饲养方法。我前面的文字就有些让你不好找到入门点了。这个附录使用起来非常方便，只要对照图片一查就能了解个大概。就如同吃饭，我认为正文的文字应当算是一顿大餐，而在大餐过后，我再附送您几包“方便面”，拿回家留着以备不时之需，相信大家都不会介意吧。

附录Ⅰ

<table>
<tr><th colspan="2">中国大鲵 giant salamander</th></tr>
<tr><td>别名：娃娃鱼　人鱼</td><td>学名：Andrias davidianus</td></tr>
<tr><td colspan="2"></td></tr>
<tr><td rowspan="4">分类学：两栖纲 Amphibia
有尾目 Caudata
隐鳃鲵亚目
隐鳃鲵科
大鲵属</td><td>最大体长：120 厘米</td></tr>
<tr><td>主要食物：鱼、蛙、水生昆虫</td></tr>
<tr><td>适宜温度：5 ～ 20℃</td></tr>
<tr><td>自然分布：除新疆、西藏、内蒙古、台湾以外的中国大部分地区</td></tr>
<tr><td colspan="2">自然史
大鲵生活在海拔 300 ～ 800 米的山区溪流中，雌鲵每年 7 ～ 8 月间产卵，卵产于岩石洞内，每尾产卵 300 枚以上，剩下的抚育任务就交给了雄鲵。雄鲵把身体曲成半圆状，将卵围住，以免被水冲走或遭受敌害，直至 2 ～ 3 周后孵化出幼鲵，15 ～ 40 天后，幼鲵分散生活，雄鲵才肯离去。大鲵在人工饲养的条件下，能活 130 年之久。</td></tr>
<tr><td colspan="2">简　评
作为世界上现存最大的两栖动物，大鲵一直是两栖动物家族中最被关注的品种。由于食用价值高，现在有许多养殖场在规模化饲养。由于以前的过度捕捉，目前野生个体已十分稀少，但在养殖场里的人工个体可以数以百万地计算。作为中国特有两栖动物，大鲵在公众水族馆里频繁展出，但由于其过于丑陋，没有被列入观赏动物行列。（详见：《关于大鲵》）</td></tr>
</table>

附录Ⅱ

东北小鲵 northeast china hynobiid	
别名：水麻蛇子　小娃娃鱼　水蛇子	学名：*Hynobius leechii*

分类学：两栖纲 Amphibia 有尾目 Caudata 隐鳃鲵亚目 小鲵科 Hynobiidae 小鲵属 *Hynobius*	最大体长：8 厘米 主要食物：水蚯蚓、红孑孓 适宜温度：5 ～ 20℃ 自然分布：中国的黑龙江、吉林两省

自然史

生活在海拔 200 ～ 300 米的群山密林、水质清澈的溪流或池塘里。在静水或缓流中繁殖，产卵在石下或枯枝落叶下。一般在 3 ～ 4 月产卵；产卵时雄雌互相追随；雌体先在水下内枯枝或石头上爬行，并排出白色黏稠的卵鞘袋柄，然后排出两条卵鞘袋，接着雄体迅速爬上卵鞘袋，用四肢抱住卵鞘袋排精。每对卵鞘袋有卵 80 枚左右。幼体以水蚤和水蚯蚓为食，成体捕食昆虫及其幼虫。

简　评

小鲵没有像大鲵那样备受关注，从电脑字库的安排上就能看出，大鲵是一个专用词，而小鲵则必须先输入“小”再输入“鲵”。如果饲养得好，可以在人工环境下繁殖，不过夏季控制饲养温度是很困难的事情，一旦温度长时间高于 20℃就会造成死亡。（详见：《东北小鲵》）

附录Ⅲ

<table>
<tr><th colspan="2">红瘰疣螈 himalayan crocodile newt</th></tr>
<tr><td>别名：金麒麟　水蛤蚧　娃娃蛇</td><td>学名：Tylototriton shanjing</td></tr>
<tr><td colspan="2"></td></tr>
<tr><td rowspan="4">分类学：两栖纲 Amphibia
有尾目 Caudata
蝾螈亚目 Salamandroidea
蝾螈科 Salamandridae
疣螈属 Tylototriton</td><td>最大体长：15 厘米</td></tr>
<tr><td>主要食物：小型昆虫、蚯蚓、蜗牛</td></tr>
<tr><td>适宜温度：10 ～ 25℃</td></tr>
<tr><td>自然分布：中国的云南、广西，以及越南、缅甸等国</td></tr>
<tr><td colspan="2">自然史
生活在海拔 1000 ～ 2400 米林木繁茂、杂草丛生的小溪旁以及水稻田附近。成螈营陆栖生活。非繁殖期，多栖息在林间草丛下或阴湿环境中，觅食昆虫及其他小动物。幼体在水域内生长发育，变态后转为陆栖生活。5 ～ 6 月为繁殖季节，在静水中配对产卵。雌螈每次产卵 75 粒左右，卵单粒或连成单行，分散附着在水草上。</td></tr>
<tr><td colspan="2">简　评
红瘰疣螈应当是中国产的颜色最丰富的蝾螈品种，一直受到观赏两栖动物爱好者的喜爱。由于作为传统药材的捕捉，使得自然种群数量逐渐下降，已成为国家二级保护动物。在国外的两栖动物饲养场已人工繁育成功多年，目前人工繁育个体已在观赏动物市场上流通。（详见：《中国的疣螈》）</td></tr>
</table>

附录Ⅳ

贵州疣螈 red-tailed knobby newt	
别名：火麒麟　苗婆蛇　土蛤蚧	学名：*Tylototriton kweichowensis*

分类学：两栖纲 Amphibia 有尾目 Caudata 蝾螈亚目 Salamandroidea 蝾螈科 Salamandridae 疣螈属 *Tylototriton*	最大体长：20 厘米 主要食物：小型昆虫、蚯蚓、蜗牛 适宜温度：10 ～ 25℃ 自然分布：中国贵州省的山区

自然史

生活在海拔 1800 ～ 2300 米山区的小水塘、缓流小溪附近，成体在岸边阴湿草坡，石缝、土洞中活动。陆栖为主，白天隐蔽在阴暗潮湿的洞里或树根下。雷雨天气出外活动频繁，夜行型。4 月下旬至 7 月为繁殖期，出现求偶行为，然后雄螈产出精包黏附于水底基质上，雌螈再以泄殖肛腔将精包纳入体内。产卵于山区各种浅水水域中，也可产卵于水域边上大石块或大石板下的潮湿泥土表面。

简　评

和红瘰疣螈一样，贵州疣螈同样受到了药材采集的威胁，成为了二级保护动物。作为观赏动物饲养，它们没有红瘰疣螈那样光鲜靓丽，而且比较胆怯。我试验过，只要能控制温差变化，就能让贵州疣螈在人工环境下产卵，但在我的试验里卵没有得到孵化。（详见：《中国的疣螈》）

附录Ⅴ

大凉疣螈 black crocodile newt	
别名：黑麒麟　羌活鱼　杉木鱼　雪血	学名：*Tylototriton taliangensis*

分类学	
分类学：两栖纲 Amphibia 有尾目 Caudata 蝾螈亚目 Salamandroidea 蝾螈科 Salamandridae 疣螈属 *Tylototriton*	最大体长：22 厘米 主要食物：小型昆虫、蚯蚓、蜗牛 适宜温度：10 ～ 25℃ 自然分布：中国四川省大凉山地区

自然史

生活在海拔 1390 ～ 2650 米的山区，5 ～ 6 月间雨后在静水凼或有积水凹地或缓流溪沟内。交配时雌性在雄性的上方，下面的雄性以其前肢向前翻转将雌性的前肢挽住，藉尾的摆动在水中游泳。也可能在陆地上爬行，爬行时是以雌性的前肢和雄性的后肢在地面上交替走动。可能在产卵以后，离开水域营陆地生活。卵单个地分散在水中。

简　评

随着生长，两“耳”的红色会逐渐变浅，作为观赏动物有些牵强。其由于药用价值遭到了大量捕捉。再加上自然分布狭窄，目前种群下降速度很快。如果不是为了科研的目的，不建议饲养。（详见：《中国的疣螈》）

附录Ⅵ

<table>
<tr><th colspan="2">棕黑疣螈 crocodile newt</th></tr>
<tr><td>别名：不详</td><td>学名：Tylototriton verrucosus</td></tr>
<tr><td colspan="2"></td></tr>
<tr><td rowspan="4">分类学：两栖纲 Amphibia
有尾目 Caudata
蝾螈亚目 Salamandroidea
蝾螈科 Salamandridae
疣螈属 Tylototriton</td><td>最大体长：15 厘米</td></tr>
<tr><td>主要食物：小型昆虫、蚯蚓、蜗牛</td></tr>
<tr><td>适宜温度：10 ～ 25℃</td></tr>
<tr><td>自然分布：中国云南西部横断山脉南缘，印度东南部、不丹、尼泊尔东部、缅甸北部和泰国北部</td></tr>
<tr><td colspan="2">自然史
生活在海拔 1200 ～ 2250 米的山地，水田、农村饮水井附近。5 ～ 8 月为繁殖季节，进入小型浅水塘、水田求偶、排精、纳精与产卵。卵单粒或数粒呈串黏附于水草或水内石上，有时也黏附于雌螈尾上；卵球形，动物极棕黑色，植物极乳黄色，卵径 2 ～ 3 毫米。1995 年基于形态学特征，红色型种群单列为红瘰疣螈（Tylototriton shanjing），而黑色型的划分为棕黑疣螈，两者同属于原喜马拉雅疣螈（Tylototriton verrucosus ）。</td></tr>
<tr><td colspan="2">简　评
见：《中国的疣螈》。</td></tr>
</table>

附录Ⅶ

<table>
<tr><th colspan="2">中国瘰螈 chinese warty newt</th></tr>
<tr><td>别名：水和尚　化骨丹</td><td>学名：Paramesotriton chinesis</td></tr>
<tr><td colspan="2"></td></tr>
<tr><td rowspan="4">分类学：两栖纲 Amphibia
有尾目 Caudata
蝾螈亚目 Salamandroidea
蝾螈科 Salamandridae
瘰螈属 Paramesotriton</td><td>最大体长：15 厘米</td></tr>
<tr><td>主要食物：螺蛳、水蚯蚓、红孑孓</td></tr>
<tr><td>适宜温度：10 ～ 30℃</td></tr>
<tr><td>自然分布：中国的浙江、安徽、福建、湖南、广东、广西等地</td></tr>
<tr><td colspan="2">自然史
生活在山溪缓流中，冬季居深水处。傍晚留散或集群于溪流边，以螺蛳等小型动物为食，耐饥力强。产卵期在 7 ～ 8 月，产卵量 200 枚左右。</td></tr>
<tr><td colspan="2">简　评
每年的晚秋到冬季都有大量的中国瘰螈在水族宠物市场出售，可能是这个季节非常容易捕捉到。这种动物并不美丽，在人工饲养下也没有出色的形体表现。也许，我们抓它们来养纯粹属于无聊。目前，这个物种还不存在种群的危机，但出于对整体环境的保护，应当尽量避免购买和饲养。</td></tr>
</table>

附录Ⅷ

无斑肥螈 spotless stout newt	
别名：山和尚　山狗　山娃娃　山椒鱼	学名：*Pachytriton labiatus*

分类学：两栖纲 Amphibia 有尾目 Caudata 蝾螈亚目 Salamandroidea 蝾螈科 Salamandridae 肥螈属 *Pachytriton*	最大体长：18 厘米 主要食物：昆虫、蚯蚓、螺蛳 适宜温度：10 ～ 25℃ 自然分布：中国贵州、安徽、浙江、湖南、广东（北部）、广西等地

自然史

生活在海拔 50 ～ 1800 米较为平缓的大小山溪内。溪内大小石块甚多，溪底多积有粗砂，水质清澈。以水栖生活为主，白天多栖于石下，夜晚出外多在水底石上爬行。4 ～ 7 月繁殖，产卵 30 ～ 50 粒，多为 10 粒以上成群黏附在水中石上或杂物上。幼体经过 2 ～ 3 年达性成熟，体全长可达 100 毫米以上。

简　评

肥螈滑腻腻的，腿很小感觉更像泥鳅。无论是作为观赏动物还是野生动物都是不受重视的品种。我只是在公众水族馆里搞两栖动物展览的时候才饲养过它们，之后就对这种动物不闻不问了。如果把它们饲养在水族箱中，夜间它们很容易出逃，然后变成“干尸”，别看它们腿短，攀爬陡峭而光滑的玻璃一点儿也不费劲。

附录Ⅸ

东方蝾螈 chinese fire-bellied newt	
别名：小娃娃鱼　中国火龙（国外）	学名：*Cynops orientalis*

分类学	
分类学：两栖纲 Amphibia 有尾目 Caudata 蝾螈亚目 Salamandroidea 蝾螈科 Salamandridae 蝾螈属 *Cynops*	最大体长：9 厘米 主要食物：水蚯蚓、孑孓、水蚤 适宜温度：8 ～ 30℃ 自然分布：中国中部及东部

自然史

生活在山地池塘或水田等静水域，以及山溪流中流速较缓的水域。春季时，会在每一水草上各产下 1 颗卵。幼生发育至全长 35 ～ 40 毫米后，即可进行变态。在自然界中生活的蝾螈，产卵期在 3 ～ 4 月间，以 5 月份产卵最多。室内饲养的东方蝾螈，由于室温往往高于自然界温度，产卵期要提前一个月左右。在 2 ～ 3 月间，平均气温在 10℃以上时，大腹便便的雌蝾螈便开始产卵，4 月为盛期，以后逐渐减少。

简　评

数量庞大，有大量个体在市场上贩卖，多数人购买饲养的目的是哄小孩玩。许多学校的生物课将这种蝾螈作为试验动物培养，让学生观察蝾螈的生态和繁殖习性。如果和鱼饲养在同一水族箱中，容易因找不到食物而挨饿。死后释放毒素，影响水质和其他小动物的生命。

附录X

<table>
<tr><th colspan="2">墨西哥钝口螈 axolotl</th></tr>
<tr><td>别名：六角恐龙</td><td>学名：Ambystoma mexicanum</td></tr>
<tr><td colspan="2"></td></tr>
<tr><td rowspan="4">分类学：两栖纲 Amphibia
有尾目 Caudata
蝾螈亚目 Salamandroidea
钝口螈科 Ambystomatidae
钝口螈属 Ambystoma</td><td>最大体长：30 厘米</td></tr>
<tr><td>主要食物：鱼、孑孓、螺蛳</td></tr>
<tr><td>适宜温度：5 ～ 30℃</td></tr>
<tr><td>自然分布：仅分布于墨西哥的奇米尔科湖泊中</td></tr>
<tr><td colspan="2">自然史
一生都在水中生活，也在水中产卵，是两栖动物中很有名的“幼体成熟”种（从出生到性成熟产卵为止，均为幼体的形态）。野生个体已非常少见，列入 CITES Ⅱ类保护等级。</td></tr>
<tr><td colspan="2">简　评
它们被饲养的历史已经超过百年，主要作为皮肤疾病等实验的活体试验对象使用，所以有关这种蝾螈的饲养、繁殖等技术已经非常成熟。现在许多水族宠物店都有六角恐龙出售。多变的体色也是它们的魅力之一，据说全世界有超过 30 个花色的人工个体。最常见的有黑色、墨蓝色、金色和白色。（详见：《六角恐龙》）</td></tr>
</table>

附录XI

虎　螈 tiger salamander	
别名：虎纹钝口螈	学名：*Ambystoma tigrinum*

分类学：两栖纲 Amphibia 有尾目 Caudata 蝾螈亚目 Salamandroidea 钝口螈科 Ambystomatidae 钝口螈属 *Ambystoma*	最大体长：25 厘米 主要食物：鱼、昆虫、乳鼠 适宜温度：5 ～ 30℃ 自然分布：美国中、东部地区、墨西哥等地

自然史

成体主要生活在湖边的洞穴里，夜间外出活动。肉食性，吃水生的无脊椎动物和小鱼。交配季节在初春的 3 ～ 4 月份，成体迁到繁殖地区的湖泊里，昼夜都进行求爱活动。在水中的树枝或池塘边上产卵，每次约产 38 ～ 59 颗卵，卵子的直径为 2 ～ 3 毫米，孵化期 14 ～ 21 天。幼体阶段最低持续 10 周，生长到 34 个月大完全成年。

简　评

这是蝾螈家族中最贪吃的品种，生长速度也非常快。现在市场上出售的个体都是美国的爬虫养殖场人工繁育的。因为有多个亚种，所以个体之间的颜色差异很大，在人工养殖下，亚种间杂交产生了更鲜艳的品种。因此，在挑选幼体的时候要注意它们的未来成长预期。（详见：《虎螈》）

附录Ⅻ

<table>
<tr><th colspan="2">星点钝口螈 spolted salamander</th></tr>
<tr><td>别名：黄星点蝾螈</td><td>学名：Ambystoma maculatum</td></tr>
<tr><td colspan="2"></td></tr>
<tr><td rowspan="4">分类学：两栖纲 Amphibia
有尾目 Caudata
蝾螈亚目 Salamandroidea
钝口螈科 Ambystomatidae
钝口螈属 Ambystoma</td><td>最大体长：25 厘米</td></tr>
<tr><td>主要食物：昆虫、孑孓、蚯蚓</td></tr>
<tr><td>适宜温度：5 ～ 22℃</td></tr>
<tr><td>自然分布：加拿大东南部、美国东部</td></tr>
<tr><td colspan="2">自然史
生活在落叶林中的流水或池边附近的林地，耐寒能力强。除繁殖期外，很少能见其踪影。冬季至初春间的降雨期便会往繁殖地点移动。每胎可在树叶上产下 10 ～ 250 颗卵。经 30 ～ 55 天孵化。</td></tr>
<tr><td colspan="2">简　评
在人工饲养下，不爱运动是它们显著的特点。有的时候，它们可能会在饲养盒的某个角落趴好几天，不换地方。摄食量和排泄量都非常小，但十分顽强，容易饲养。（详见：《星点钝口螈》）</td></tr>
</table>

附录XIII

<table>
<tr><th colspan="2">云石蝾螈 marbled salamander</th></tr>
<tr><td>别名：暗斑钝口螈 大理石蝾螈</td><td>学名：Ambystoma opacum</td></tr>
<tr><td colspan="2"></td></tr>
<tr><td rowspan="4">分类学：两栖纲 Amphibia
有尾目 Caudata
蝾螈亚目 Salamandroidea
钝口螈科 Ambystomatidae
钝口螈属 Ambystoma</td><td>最大体长：10 厘米</td></tr>
<tr><td>主要食物： 昆虫、蚯蚓</td></tr>
<tr><td>适宜温度：10 ～ 25℃</td></tr>
<tr><td>自然分布：美国东南部、佛罗里达半岛北部</td></tr>
<tr><td colspan="2">自然史
成体主要生活在沼泽地或河川流经的潮湿砂地中的倒木或岩石下方。秋季为繁殖期，会在陆地的岩石或落叶下产下 100 颗卵，并由雌螈负责守护。约至冬季降雨期即可孵化，幼生会跟随着降雨流至附近的水域中。</td></tr>
<tr><td colspan="2">简　评
云石蝾螈虽然小，却秉承了钝口螈家族的捕食特性，它们很能吃，而且很小的时候就能吃较大的食物。因为个体比较小，皮肤光滑无遮拦，容易受到细菌的感染。感染后死亡速度很快，要尽量保障饲养盒内的卫生。（详见：《云石蝾螈》）</td></tr>
</table>

附录 XIV

<table>
<tr><th colspan="2">理纹欧螈 marbled newt</th></tr>
<tr><td>别名：大理石蝾螈 冠螈</td><td>学名：Triturus marmoratus</td></tr>
<tr><td colspan="2"></td></tr>
<tr><td rowspan="4">分类学：两栖纲 Amphibia
有尾目 Caudata
蝾螈亚目 Salamandroidea
蝾螈科 Ambystomatidae
欧螈属 Triturus</td><td>最大体长：17 厘米</td></tr>
<tr><td>主要食物： 孑孓、螺蛳、昆虫</td></tr>
<tr><td>适宜温度：10 ～ 25℃</td></tr>
<tr><td>自然分布：葡萄牙、西班牙、法国等国靠近水边的林地</td></tr>
<tr><td colspan="2">自然史
生活在海拔 400 米以下的低地，凡砂质，黏土质或石灰岩质等各式环境均可见其踪迹。从初春起在池沼和小型湖泊等水域生活，夏季结束转到陆地。繁殖期间，雄性的背部至尾部间会长出美丽的背鳍。3 ～ 5 月，会在水草上产下 200 ～ 300 颗卵。</td></tr>
<tr><td colspan="2">简　评
这种蝾螈在欧洲是非常普遍的观赏动物，地位等同于我国的肥螈或瘰螈。由于贸易和检疫的限制，国内进口量非常少。人们饲养它们更多地是为了欣赏雄性在繁殖期生长出的如剑龙一样的背鳍，所以多数是用水族箱饲养。</td></tr>
</table>

附录XV

<table>
<tr><th colspan="2">火蝾螈 fire salamandra</th></tr>
<tr><td>别名：真螈</td><td>学名：Salamandra salamandra</td></tr>
<tr><td colspan="2"></td></tr>
<tr><td rowspan="4">分类学：两栖纲 Amphibia
有尾目 Caudata
蝾螈亚目 Salamandroidea
蝾螈科 Salamandridae
真螈属 Salamandridae</td><td>最大体长：25 厘米</td></tr>
<tr><td>主要食物：昆虫　蚯蚓　蜗牛</td></tr>
<tr><td>适宜温度：4 ～ 22℃</td></tr>
<tr><td>自然分布：西欧、中欧及北非的山区森林</td></tr>
<tr><td colspan="2">自然史
生活在落叶林，可以躲在枯叶下或树干内。幼体在细小而水流缓慢的山溪中生长。不论是在陆地或水中，它们大部分时间都会躲藏在石头、朽木或其他物体之下。夜行型，在雨季的白天也很活跃。以昆虫、蜘蛛、蚯蚓及蛞蝓为主食，有时会吃细小的脊椎动物，如小蝾螈、青蛙、乳鼠。它们会用犁齿咬住或以舌头的后部黏住猎物。到了繁殖季节，雄螈的生殖腺会胀大。当雄螈留意到“对象”时，就会阻塞其行走路线，以下颚磨擦雌螈示爱。接着，雄螈会跟着雌螈，抓着雌螈交配。雄螈会排出精囊到地上，再将雌螈的泄殖腔接触精囊。雌螈会吸入精子进行体内受精。当受精卵孵化时，雌螈会将幼螈排到水中。火蝾螈分布地区广泛，亚种繁多。一些亚种的幼体会在母体继续生长，直到完全变态后才出生。</td></tr>
<tr><td colspan="2">简　评
它们是蝾螈家族的正统，是观赏两栖类里的明星。可以算是最早被作为观赏动物饲养的蝾螈，还衍生了许多传说和故事。（详见：《火蝾螈》）</td></tr>
</table>

附录XVI

光滑爪蟾 african clawed toad	
别名：金蛙（白化种）	学名：*Xenopus laevis*

分类学：两栖纲 Amphibia 无尾目 Anura 负子蟾科 Pipidae 爪蟾属 *Xenopus*	最大体长：12 厘米
	主要食物：鱼、虾、蟹、昆虫
	适宜温度：10 ～ 35℃
	自然分布：非洲撒哈拉大沙漠以南地区

自然史

终生水栖。遇到干旱时，可爬行短距离寻找水源，也会在湿润的土洞中休眠。早春或夏末产卵，一次产卵多达 1 万～ 1.5 万粒，卵通常黏附于水草上。蝌蚪头扁，无角质颌和角质齿，摄食浮游生物。

简　评

光滑爪蟾也是一种被人类用作试验动物的品种，养殖历史非常悠久。它们非常容易饲养，生长速度快，繁殖数量庞大，以至于在 20 世纪末刚刚流通到水族宠物市场后，就从一种观赏动物沦为了饵料动物。现在人们可以在水族商店里廉价地购买到光滑爪蟾，用它们喂养自己的龙鱼和角蛙。

附录XⅦ

<table>
<tr><td colspan="2">小丑蛙 african clawed toad</td></tr>
<tr><td>别名：薄趾蟾　猫眼珍珠蛙</td><td>学名：Lepidobatrachus llanensis</td></tr>
<tr><td colspan="2">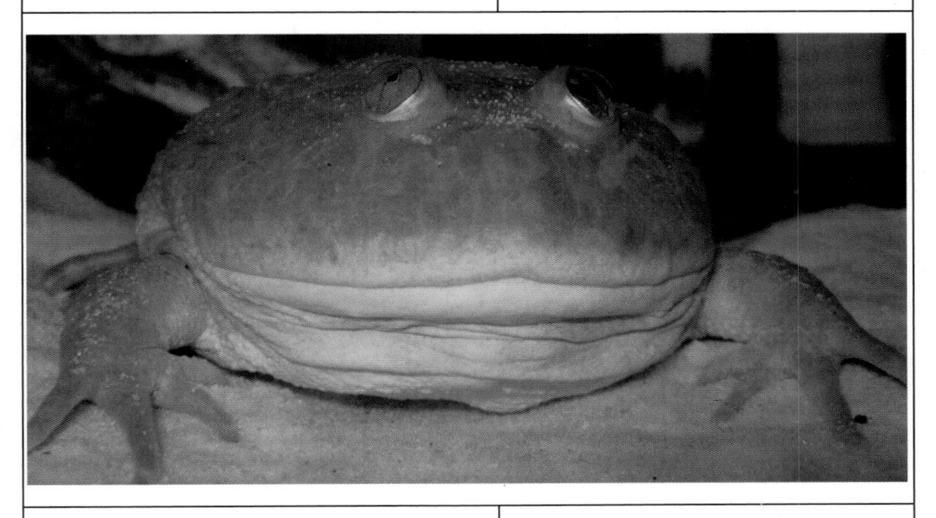</td></tr>
<tr><td rowspan="4">分类学：两栖纲 Amphibia
无尾目 Anura
薄趾蟾科 leptodactylidae
薄趾蟾属 lepidobatrachus</td><td>最大体长：12 厘米</td></tr>
<tr><td>主要食物：鱼、昆虫、肉块</td></tr>
<tr><td>适宜温度：20 ～ 32℃</td></tr>
<tr><td>自然分布：阿根廷、巴拉圭、玻利维亚</td></tr>
<tr><td colspan="2">自然史
主要生活在浅水坑里，喜好黏质土壤的水域。春末至夏季为繁殖期，会在较浅的水域产卵。冬季水坑枯竭，则会潜藏于土中进行冬眠。</td></tr>
<tr><td colspan="2">简　评
饲养小丑蛙的水不要太深，成体可以在 15 ～ 20 厘米，幼体要在 10 厘米以下。幼体贪吃，如果喂太多会撑死或因不能游泳而溺死，一周喂一次，每次 2 条 5 厘米的小鱼就可以了。不要让小丑蛙生长得太快，成体没有幼体的颜色好看，非常凶猛，你用手摸它的时候会被咬住手指。</td></tr>
</table>

附录 XVIII

<table>
<tr><th colspan="2">南美角蛙 horned frog</th></tr>
<tr><td>别名：花角蟾</td><td>学名：Ceratophrys cranwelli</td></tr>
<tr><td colspan="2">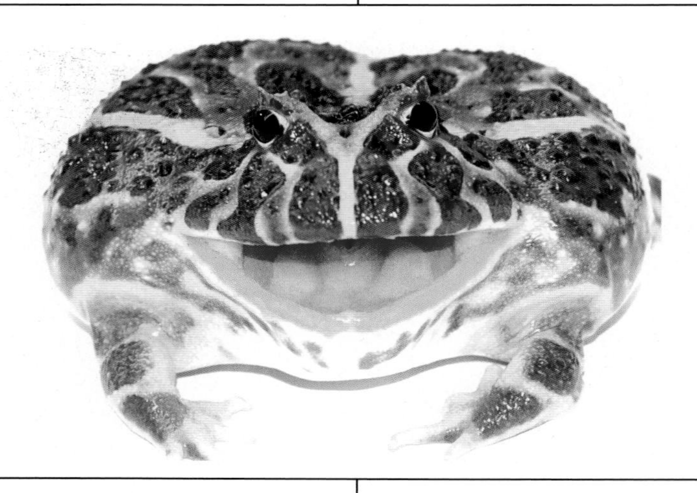</td></tr>
<tr><td rowspan="4">分类学：两栖纲 Amphibia
无尾目 Anura
薄趾蟾科 leptodactylidae
角蟾属 Ceratophrys</td><td>最大体长：15 厘米</td></tr>
<tr><td>主要食物：昆虫、老鼠、小鸡、鱼</td></tr>
<tr><td>适宜温度：20 ～ 30℃</td></tr>
<tr><td>自然分布：阿根廷，玻利维亚，巴西</td></tr>
<tr><td colspan="2">自然史
生活在南美温暖而较干燥的大草原地带，经常把身体半埋于土中，等待猎物上门的埋伏型狩猎者。利用雨量较为集中的夏季来繁殖，会选择在水池底产下 200 ～ 1000 颗卵，形成一个如网球大小卵块。角蛙的体色是一种保护色，通常表现出与环境的颜色相近，不被敌害所发现，从而保护自己。</td></tr>
<tr><td colspan="2">简　评
很早就作为观赏动物人工培育了，在人工培育下有咖啡色、绿色、薄荷色、金黄色（白化）、橘黄色等样式。成长速度惊人，如果在食物充足的情况下，半年的体型就可以超过 10 厘米了。不过，长大后颜色没有幼体鲜艳。（详见：《角蛙》）</td></tr>
</table>

附录XIX

<table>
<tr><th colspan="2">钟角蛙 ornate horned frog</th></tr>
<tr><td>别名：阿根廷角蛙　饰纹角花蟾</td><td>学名：Argentine ornata</td></tr>
<tr><td colspan="2"></td></tr>
<tr><td rowspan="4">分类学：两栖纲 Amphibia
无尾目 Anura
薄趾蟾科 leptodactylidae
角蟾属 Ceratophrys</td><td>最大体长：12 厘米</td></tr>
<tr><td>主要食物：昆虫、老鼠、鱼</td></tr>
<tr><td>适宜温度：20 ～ 30℃</td></tr>
<tr><td>自然分布：阿根廷，玻利维亚，巴西大峡谷地带</td></tr>
<tr><td colspan="2">自然史
与南美角蛙基本相同。</td></tr>
<tr><td colspan="2">简　评
钟角蛙是全世界最普遍的宠物蛙，几乎在每个水族市场都能买到，近年来被冠名“招财蛙”出售，大概是想仿效日本的招财猫。种角蛙比其他角蛙凶猛贪吃，嘴也比其他品种大。人们根据其大嘴吃八方的象形，认为它可以招财。（详见：《角蛙》）</td></tr>
</table>

附录XX

苏里南角蛙 suriname horned frog	
别名：亚马逊角蛙　霸王角蛙	学名：*Ceratophrys cornuta*

分类学：两栖纲 Amphibia 无尾目 Anura 薄趾蟾科 leptodactylidae 角蟾属 *Ceratophrys*	最大体长：12 厘米 主要食物：昆虫、蛙、老鼠 适宜温度：22 ～ 30℃ 自然分布：哥伦比亚，厄瓜多尔东部，玻利维亚北部，巴西，委内瑞拉南部

自然史

生活在丛林草原交界处，将身体埋藏于林地的落叶中，以等待猎物上门。背部有蝴蝶状的花纹，体色有褐、橘、绿、灰白等，喉部呈整片深黑色，口腔内为白色，后肢有发达的蹼。雨季初期会聚集在大雨刚过的森林池沼中产卵。每一块卵中约含500 颗卵。

简　评

苏里南角蛙目前仍是观赏角蛙家族中最昂贵的品种，近几年才人工繁育成功。因为眼上的角更尖长，身体线条更优美，一直是动物收藏爱好者追捧的对象。人工个体的饲养方式并不因为价格昂贵而复杂，只是生长速度比其他角蛙慢一些。野生个体在运输到达后会有拒食现象，起初必须以强制喂食（当本种威吓时，将活物放入咽喉处，吻部轻压住，避免食物再吐出来，直到吞下为止）才有存活的机会。

附录 XXI

蝴蝶角蛙 butterfly horned frog	
别名：梦幻角蛙	学名：*Ceratophrys cornutax cranwelli*

分类学：两栖纲 Amphibia 无尾目 Anura 薄趾蟾科 leptodactylidae 角蟾属 *Ceratophrys*	最大体长：15 厘米 主要食物：昆虫、鱼、老鼠 适宜温度：20 ～ 32℃ 自然分布：无
自然史 是苏里南角蛙和南美角蛙的杂交后代。	
简　评 因为杂交优势的体现，蝴蝶角蛙有更大的个体和更强的环境适应能力。	

附录XXII

<table>
<tr><th colspan="2">非洲牛蛙 african bullfrog</th></tr>
<tr><td>别名：非洲牛箱头蛙</td><td>学名：Pyxicephalus adspersus</td></tr>
<tr><td colspan="2"></td></tr>
<tr><td rowspan="4">分类学：两栖纲 Amphibia
无尾目 Anura
蛙科 Ranidae
箱头蛙属 Pyxicephalus</td><td>最大体长：25 厘米</td></tr>
<tr><td>主要食物：昆虫、老鼠、蛙</td></tr>
<tr><td>适宜温度：20 ～ 32℃</td></tr>
<tr><td>自然分布：安哥拉、博茨瓦纳、肯尼亚、马拉维、莫桑比克、纳米比亚、南非、斯威士兰、坦桑尼亚、赞比亚、津巴布韦</td></tr>
<tr><td colspan="2">自然史
生活在热带和亚热带的稀树草原、湿草原、灌木丛、间歇性淡水湖泊和沼泽、耕地、牧场、运河、沟渠。非洲牛蛙攻击性很强，一次最多能跳出 3 米以上，它们会受到运动的刺激，几乎会向跳跃范围内的任何运动物体猛扑过去，然后将猎物整个吞下，猎物会窒息而死，或者在被消化前休克。面对非洲热辣的太阳，它们能形成一个不漏水的茧状物，防止自己变干。雄蛙能发出响亮的叫声，用于求偶和恐吓敌人。
繁殖期间雄蛙会聚集在雨季形成的水塘中相互争斗，每次可产 3000 ～ 4000 颗卵。雄蛙是负责任的父亲，它们会守护卵和蝌蚪，赶走捕食者，为防止栖息的水塘干枯，它还会从附近的水域挖掘一引水道过来。</td></tr>
<tr><td colspan="2">简　评
非洲牛蛙已被作为宠物，在世界各地广泛饲养。（详见：《非洲牛蛙》）</td></tr>
</table>

附录XXⅢ

<table>
<tr><th colspan="2">泽蛙 green frog</th></tr>
<tr><td>别名：青蛙　田鸡</td><td>学名：Fejervarya limnocharis</td></tr>
<tr><td colspan="2"></td></tr>
<tr><td rowspan="4">分类学：两栖纲 Amphibia
无尾目 Anura
蛙科 Ranidae
陆蛙属 Fejervarya</td><td>最大体长：7 厘米</td></tr>
<tr><td>主要食物：鱼、虾、蟹、昆虫</td></tr>
<tr><td>适宜温度：10 ～ 25℃</td></tr>
<tr><td>自然分布：亚洲和欧洲的大部分温带地区</td></tr>
<tr><td colspan="2">自然史
生活在我们身边的水塘、稻田以及公园的人工湖附近，春夏季集大群鸣叫，寻觅配偶。产卵于水草丛中，蝌蚪在夏末完成变态。冬天进入自己挖掘的土洞中冬眠。和池蛙并称为最常见的蛙，人们视其为青蛙的正宗。根据分布不同，应当有许多亚种或族。</td></tr>
<tr><td colspan="2">简　评
常见、容易饲养是我对青蛙的简单印象。它们几乎什么都吃，即使没有吃的，饿上半年也不会有事。很容易在人工环境下繁殖，只要给它们提供一个足够大的水族箱，它们就会在水草上产卵。如果你很忙的话，把它放到冰箱的冷藏室里，它就冬眠了。会根据外界环境，调整自己的皮肤颜色，通常饲养在铺设苔藓的饲养箱中，能让其展现出翠绿的颜色。</td></tr>
</table>

附录XXIV

<table>
<tr><th colspan="2">大花狭口蛙 narrow-mouthed toad</th></tr>
<tr><td>别名：不详</td><td>学名：Kaloula pulchra</td></tr>
<tr><td colspan="2"></td></tr>
<tr><td rowspan="4">分类学：两栖纲 Amphibia
无尾目 Salientia
姬蛙科 Microhylidds
狭口蛙属 Kaloula</td><td>最大体长：6 厘米</td></tr>
<tr><td>主要食物：昆虫</td></tr>
<tr><td>适宜温度：15 ～ 30℃</td></tr>
<tr><td>自然分布：中国广东、广西、云南、海南岛以及马来西亚、新加坡等热带地区</td></tr>
<tr><td colspan="2">自然史
花狭口蛙是狭口蛙家族里的巨无霸，体长平均 8 厘米。皮肤厚，光滑，但有一些圆形颗粒。背部棕色，有一个深棕色大三角形斑，看起来很像一个花瓶。指（趾）端方形平切状，膨大成吸盘，因此会爬树，藏身于树洞中。也善于挖掘，利用足部挖洞，仅需数秒钟即可将身体埋入土中。</td></tr>
<tr><td colspan="2">简　评
大花狭口蛙饲养起来并不难，也不用特意地照料。只要生活环境里铺设 8 厘米以上深的垫材就可以了，水苔、无菌土、椰砖、水族沙子都可以，而且足够厚的垫材保湿很容易。我起初只是将花狭饲养在一个大概只有 25 厘米长的塑料饲养盒里，里面盛满了红色的沙子。花狭将自己埋在里面，喂食的时候也只是拨开嘴前的沙子将黄粉虫投在其面前，嗖地一下便吃掉了，然后在沙子上淋些水保持湿润。有一次我竟将那个盒子忘记了大概一个星期，想起时，赶快寻来看，心里想这回肯定完了。谁知只要最底层的沙子还有一点儿湿润，它就能坚强地活着。花狭除了躲藏着，也时常喜欢在夜里游泳，而且闭气的时间很长，大概有 10 分钟吧。</td></tr>
</table>

附录XXV

<table>
<tr><th colspan="2">番茄蛙 tomato frog</th></tr>
<tr><td>别名：岸暴蛙</td><td>学名：Discophus antongilli</td></tr>
<tr><td colspan="2"></td></tr>
<tr><td rowspan="4">分类学：两栖纲 Amphibia
无尾目 Anura
姬蛙科 Microhylidds
暴蛙属 Dyscophus</td><td>最大体长：9 厘米</td></tr>
<tr><td>主要食物：昆虫 乳鼠</td></tr>
<tr><td>适宜温度：20 ～ 30℃</td></tr>
<tr><td>自然分布：仅分布于马达加斯加岛东岸</td></tr>
<tr><td colspan="2">自然史
主要生活在海拔 200 米以下、温度为 25 ～ 30℃、范围小却富含养分的水塘。遇威胁时会如同蟾蜍般将身体膨胀借以威吓敌人。每年 2 ～ 3 月雨季来临时交配繁殖，雌蛙于水中产下 1000 ～ 15000 枚黑白相间的卵。36 小时后即可孵化为蝌蚪，大约 45 天后变态为成蛙，幼体皮色较浅，呈暗黄色，大约半年左右长成成蛙。
番茄蛙虽然好看，但是您可别对它们动手动脚，它们漂亮表皮中可是含有防卫性毒素的，这种毒素足以使冒犯者感到剧烈的疼痛。</td></tr>
<tr><td colspan="2">简　评
红色青蛙是不多见的，因此番茄蛙格外受到重视，一直是两栖动物中的名贵观赏品种。由于过度捕捉，野生种群正日益减少，但现在人工繁育的个体已充盈了市场。遗憾的是，人工养殖的个体没有野生的颜色鲜艳。（详见：《番茄蛙》）</td></tr>
</table>

附录XXVI

<table>
<tr><th colspan="2">三角枯叶蛙 malayan horned frog</th></tr>
<tr><td>别名：三角蛙　长鼻角蛙</td><td>学名：Megophrys nasuta</td></tr>
<tr><td colspan="2"></td></tr>
<tr><td rowspan="4">分类学：两栖纲 Amphibia
无尾目 Anura
角蟾科 Megophryidae
角蟾属 Megophrys</td><td>最大体长：13 厘米</td></tr>
<tr><td>主要食物：昆虫　蜗牛</td></tr>
<tr><td>适宜温度：20 ～ 28℃</td></tr>
<tr><td>自然分布：马来半岛南部，苏门答腊</td></tr>
<tr><td colspan="2">自然史
生活在东南亚雨林底层，很少下水，夜行性。通常会选择清澈，砂质底土的静水中繁殖，卵生。身体的颜色和形态是一种拟态，人们在落叶密集的丛林中很难发现它们。</td></tr>
<tr><td colspan="2">简　评
因为目前还没有人工繁殖的记录，所有个体都来自野生 . 加上这种蛙比较胆怯，在人工环境下经常绝食，所以死亡率非常高。对此，没有太好的经验，我们对这种生物知之太少，所以我选择不养。</td></tr>
</table>

附录XXⅦ

东方铃蟾 oriental fire bellied toad	
别名：火腹铃蟾　臭蛤蟆　红肚皮蛤蟆	学名：*Bombina orientalis*

分类学：两栖纲 Amphibia 无尾目 Anura 铃蟾科 Bombinatoridae 铃蟾属 *Bombina orientalis*	最大体长：5 厘米 主要食物：鱼、虾、蟹、昆虫 适宜温度：10 ～ 22℃ 自然分布：中国东北部和朝鲜、韩国的山区溪流

自然史

生活在池塘或山区溪流石下。5 ～ 7 月繁殖。东方铃蟾卵多成群或单个贴附在山溪石块下或水坑内的植物上，每次产卵约 100 枚。成体受到惊扰时则举起前肢，头和后腿拱起过背，形成弓形，腹部呈现出醒目的色彩。这种对险情的反应(预感反射)，可能是向捕食者暗示它的皮肤有毒的一种信号；国外称之为警蛙。

简　评

最大的铃蟾从口至肛也不过 5 厘米，所以只能算小型的观赏两栖类。不过，它们非常适合搭配在两栖生态缸中，原因一是其不爱挖掘，不容易毁坏造景；二来是它们较其他两栖类更愿意运动，经常可以在茂密的植物丛中蹦来爬去。（详见：《东方两大铃蟾》）

附录XXVIII

大蟾蜍 big toad

别名：癞蛤蟆	学名：*Bufo bufogargarizans & Bufo bufo*

分类学：两栖纲 Amphibia 无尾目 Anura 蟾蜍科 Bufonidae 蟾蜍属 *Bufo*	最大体长：15 厘米
	主要食物：昆虫、蚯蚓、老鼠、鱼、动物肝脏
	适宜温度：10 ～ 25℃
	自然分布：中国大部分地区，亚种分布于整个欧亚大陆

自然史

分布广泛，而且在不同海拔的各种生境中数量很多。白天栖息于河边、草丛、砖石孔等阴暗潮湿的地方，傍晚到清晨常在塘边、沟沿、河岸、田边、菜园、路旁或房屋周围觅食，夜间和雨后最为活跃。气温下降以 10℃以下，钻入砖石洞、土穴中或潜入水底冬眠。气温回升到 10℃以上结束冬眠，在水池朝阳面的浅水区或岸边活动。繁殖季节大多在春天，当水温达 12℃以上，在静水或流动不大的溪边水草间交配产卵。卵呈黑色，双行排列于卵袋里。

简　评

大多数人认为大蟾蜍非常丑陋，但它们似乎是最聪明的两栖动物，在我的饲养过程中，它们的肢体语言要比其他两栖动物丰富得多，记忆力也比较好。大蟾蜍不仅是农作物、牧草和森林害虫的天敌，而且是动物药——蟾酥的药源。

附录XXIX

大眼树蛙 big-eyed tree frog	
别名：孔雀树蛙（peacock tree frog）	学名：*Leptopelis vermiculatus*

分类学	
分类学：两栖纲 Amphibia 无尾目 Anura 节蛙科 Arthroleptidae 非洲树蛙属 *Leptopelinae*	最大体长：6 厘米
	主要食物：昆虫
	适宜温度：10 ～ 25℃
	自然分布：东大裂谷、坦桑尼亚等地

自然史

栖息于干湿交替的东非草原和稀疏林地，比较耐干旱。夜行性，捕食各种小昆虫。雨季到来的时候开始繁殖，邻近水塘边产卵。蝌蚪在水中生长，变态期 28 ～ 30 天。成体能根据外界环境调节皮肤颜色。

简　评

饲养大眼树蛙是很容易的事情，它们贪吃，很容易接受各种昆虫。雄性每天夜晚都会鸣叫，有时候是为了寻求配偶，更多时候发出嘎、嘎的短促声音来驱赶同性。我认为大眼树蛙应当是一种领地意识很强的动物。资料显示，它们成年后能变成鲜艳的绿色，但我所见过的都是咖啡色，两肋带有绿色流苏花纹。（详见：《大眼树蛙》）

附录XXX

莫丝蛙 moss frog	
别名：苔藓蛙	学名：*Theloderma corticale*

分类学：两栖纲 Amphibia 无尾目 Anura 树蛙科 Rhacophoridae 苔藓蛙属 *Theloderma*	最大体长：6 厘米 主要食物：昆虫 适宜温度：10 ～ 25℃ 自然分布：中国广西、云南及越南、缅甸北部

自然史

莫丝是英文 moss（苔藓）的译音，因此这种蛙也可以叫“苔藓蛙”。这个名字来源于它的皮肤，上面布满绿色、紫色、黑色斑点、肿块、刺以及结节，就像是在岩石上生长的苔藓。借助于这种与生俱来的怪异皮肤，苔藓蛙成为青蛙家族中的伪装高手。栖息于亚热带或热带潮湿低地森林、间歇性淡水溪流和岩石地区。春季产卵于小水池中，幼体生长速度很快。夜行性，不爱运动。

简　评

人工饲养莫丝蛙的最大遗憾就是，若我们不去将它拿起来，基本上在饲养箱里是找不到它的。它们一进入饲养箱就将自己变化成灰土色，然后躲藏到角落里。夜间会出来找吃的，所以要总保证饲养箱里有充足的蟋蟀。通常在欣赏的时候，要将它们放在浅颜色的地方饲养几十分钟，其颜色会逐渐鲜艳起来。

附录XXXI

斑腿泛树蛙 spot-legged polypedate	
别名：布氏树蛙　大头树蛙	学名：*Polypedates megacephalus*

分类学：两栖纲 Amphibia 无尾目 Anura 树蛙科 Rhacophoridae 泛树蛙属 *Polypedates*	最大体长：6 厘米 主要食物：昆虫 适宜温度：10 ～ 25℃ 自然分布：中国香港、澳门、广东、广西、福建等地
自然史 栖息于海拔 80 ～ 1600 米的丘陵地带及山区灌丛、水塘杂草或稻田等环境中。捕食小型昆虫，夜行性，春季和初夏在池塘边的树上产卵。它是中国南方常见的一种树蛙。	
简　评 饲养起来和别的树蛙没有什么不同的，它们每天晚上都发出“当”“当”类似敲击木头的叫声。胆怯，喜欢躲藏，善于逃跑，有时候会袭击水中的鱼。	

附录XXXII

大树蛙 big tree forg	
别名：飞蛙	学名：*Rhacophorus dennysi*

分类学：两栖纲 Amphibia 无尾目 Anura 树蛙科 Rhacophoridaae 树蛙属 *Rhacophorus*	最大体长：10 厘米 主要食物：昆虫 适宜温度：10 ～ 25℃ 自然分布：广泛分布于华南各省

自然史

栖息于丘陵地区的竹林或树林中，白天贴在树皮上睡觉少活动，晚上开始活动，捕食昆虫和蜘蛛。能随时变换体色适应周围环境的变化。每年 3 ～ 4 月份的午夜后开始产卵、黎明前产完。产卵场要求静水水域，其上有依附植物，湿度较大。其他条件依各地而异。 交配产卵时，雌体伏于静水水域上空枝叶上，雄体伏于雌体背侧，并以前肢紧抱雌蛙腋窝，泄殖孔互相靠近。雌体排卵及输卵管分泌物是一阵一阵排出的，排出时以后肢搅拌分泌物起泡，与此同时雄体排精，并以后肢刮净泄殖孔，大腿周围的卵及输卵管分泌物，左、右后肢把这些分泌物搓擦起泡。常温下，大树蛙的受精卵在第 4 天孵化，小蝌蚪落入水中发育，50 天左右出现后肢，61 天左右出现前肢，再过 1 ～ 2 天就登陆，但大树蛙蝌蚪发育不整齐，最迟可到 3 个月之后才登陆。

简　评

野生个体对人工环境适应能力很差，需要很大的饲养空间，如果饲养空间小，它们会到处乱撞，撞伤头部皮肤后，感染死亡。不建议作为观赏动物饲养。

附录XXXⅢ

<table>
<tr><th colspan="2">银背树蛙 african clawed toad</th></tr>
<tr><td>别名：银背芦苇蛙</td><td>学名：Afrixalus fornasinii</td></tr>
<tr><td colspan="2"> </td></tr>
<tr><td rowspan="4">分类学：两栖纲 Amphibia
无尾目 Anura
苇蛙科 Hyperoliidae
阿非蛙属 Afrixalus</td><td>最大体长：3 厘米</td></tr>
<tr><td>主要食物： 昆虫</td></tr>
<tr><td>适宜温度：10 ～ 25℃</td></tr>
<tr><td>自然分布：肯尼亚，坦桑尼亚，莫桑比克，南非</td></tr>
<tr><td colspan="2">自然史
栖息于池塘边的芦苇丛以及干湿草原的灌木丛中。夜行性，雨季产卵，雄性能发出尖锐如铃音的叫声。卵产在芦苇叶片上，蝌蚪孵化后落入水中。</td></tr>
<tr><td colspan="2">简　评
银背树蛙是非洲芦苇蛙家族中最常见的观赏动物，除它之外，非洲芦苇蛙家族有许多非常美丽的品种。这些蛙只有在适宜的环境下才能展现自己的颜色，如果饲养在没有造景的小盒子里，它们总是肉色或咖啡色的。这种蛙很机敏，善于逃脱，逃脱后自己可以寻找到水源。如果你的蛙跑了，就去卫生间、厨房、或者饲养盒附近找它们。</td></tr>
</table>

附录ⅩⅩⅩⅣ

<table>
<tr><th colspan="2">老爷树蛙 white's tree frog</th></tr>
<tr><td>别名：绿雨滨蛙　怀特树蛙</td><td>学名：Litoria caerulea</td></tr>
<tr><td colspan="2"></td></tr>
<tr><td rowspan="4">分类学：两栖纲 Amphibia
无尾目 Anura
雨蛙科 Hylidae
雨滨蛙属 Litoria</td><td>最大体长：15 厘米</td></tr>
<tr><td>主要食物：昆虫　乳鼠</td></tr>
<tr><td>适宜温度：15 ～ 28℃</td></tr>
<tr><td>自然分布：澳大利亚和新几内亚岛东北地区</td></tr>
<tr><td colspan="2">自然史
栖息于潮湿树林，部分更扩至人类居住的郊区，房间中可在洗手间、浴室等较潮湿的地方发现。野外主食多种昆虫，其实多数在活动中而能够塞进口中的动物也会吃，包括同类的幼体在内。主要是夜间活动为主，日间躲藏于阔叶树的叶片下。2 年达性成熟，雌性每次产 150 ～ 300 个卵，每个卵直径约 1.2 毫米。和其他两栖类一样，它的皮肤会分泌一些含有微毒的液体，这一般不足以伤害人类，但可能会对皮肤敏感者有所影响。</td></tr>
<tr><td colspan="2">简　评
其学名 caerulea 意思是蓝色，身体颜色可以由暗淡的灰色以至鲜艳的青蓝绿色不等，在光线不太强及较凉爽的时候活动，它们在受惊时行动敏捷，而且可以跳得很远，但不会跳得很高，也没法做出连续跳跃的动作。平时，它们总是让人感觉懒洋洋的，只是趴在枝叶上发呆，尤其在下午，甚至会长时间待在同一位置。（详见《老爷树蛙》）</td></tr>
</table>

附录XXXV

<table>
<tr><th colspan="2">红眼树蛙 red eyed tree frog</th></tr>
<tr><td>别名：不详</td><td>学名：Agalychnis callidryas</td></tr>
<tr><td colspan="2"></td></tr>
<tr><td rowspan="4">分类学：两栖纲 Amphibia
无尾目 Anura
雨蛙科 Hylidae
红眼蛙属 Agalychnis</td><td>最大体长：8 厘米</td></tr>
<tr><td>主要食物：昆虫</td></tr>
<tr><td>适宜温度：20 ～ 28℃</td></tr>
<tr><td>自然分布：哥斯达黎加、墨西哥和南美洲部分雨林</td></tr>
<tr><td colspan="2">自然史
红眼树蛙生活在中美洲的热带雨林地区，那里经常下雨，天气炎热而且非常潮湿。夜行性，雌性的红眼树蛙会把受精卵放到背上一个特殊的皮袋中。它们的卵周围覆盖着一种凝胶状黏性物质。雌性的红眼树蛙随后会把卵放在叶子下面。在 1 ～ 2 个星期，蝌蚪孵化并蠕动直到它们到达叶子下面的水池里，在这里它们会变成红眼树蛙。</td></tr>
<tr><td colspan="2">简　评
红眼树蛙是观赏性极高的品种。它们可以算是个彻底的色彩拼盘，猩红且充满活力的红色双眼，背部一片鲜艳的亮绿，再加上身体两侧那无比吸引人的澄蓝色，以及橘红色的脚趾；这些色彩常常被称作“闪光色”，人们认为在红眼树蛙跳跃时，这些闪光色会吓走它们的天敌。</td></tr>
</table>

附录XXXVI

<table>
<tr><th colspan="2">牛奶蛙 milk frog</th></tr>
<tr><td>别名：奶牛蛙</td><td>学名：Trachycephalus resinifictrix</td></tr>
<tr><td colspan="2"></td></tr>
<tr><td rowspan="4">分类学：两栖纲 Amphibia
无尾目 Anura
雨蛙科 Hylidae
冠顶树蛙属 Trachycephalus</td><td>最大体长：6 厘米</td></tr>
<tr><td>主要食物： 昆虫</td></tr>
<tr><td>适宜温度：10 ～ 25℃</td></tr>
<tr><td>自然分布：南美洲的玻利维亚，巴西、哥伦比亚、厄瓜多尔、苏里南、委内瑞拉等地的雨林中</td></tr>
<tr><td colspan="2">自然史
牛奶蛙栖息于南美洲的热带雨林区域中，一身独特的棕色和白色的迷彩，在树蛙科中并不多见，它们通常栖息在树干上或树洞中，与一般树蛙栖息于叶片上或叶片间截然不同，因此演化出特殊的棕白保护色。繁殖期中，雄蛙会发出鸣叫，雌蛙与雄蛙会在水洼中交配产卵，这一点与其他树蛙在树上产卵块的行为模式大为不同，每次雌蛙可以产下约 2000 颗蛙卵。</td></tr>
<tr><td colspan="2">简　评
牛奶蛙背上布满白色疙瘩，在遭受威胁时会分泌出乳白色类似牛奶的微毒液体，所以被命名为牛奶蛙。其实就以它们的体色来说，就已经很像咖啡上加了牛奶一样。牛奶蛙的饲养与一般树蛙相同，食物种类也相同，食量比红眼树蛙更大，也更会到地面觅食，只要是吞得下的活体食物如蟋蟀，蟑螂，面包虫等，都是照单全收。在饲养时最好不要与其他种树蛙混养，似乎会有互相竞争的倾向，会造成死伤。</td></tr>
</table>

附录XXXVII

斑背树蛙 barking tree frog	
别名：吠树蛙	学名：*Hyla gratiosa*

分类学：两栖纲 Amphibia 无尾目 Anura 雨蛙科 Hylidae 雨蛙属 *Hyla*	最大体长：6 厘米 主要食物：昆虫 适宜温度：10 ～ 25℃ 自然分布：美国东部、东南部

自然史

栖息于池塘湖泊边的森林地带，是美国本土最大的树蛙。因为能发出如狗叫的声音，被称为吠树蛙。在干旱和炎热的季节会挖掘土洞，并在其中蛰伏。每年 3 ～ 8 月为繁殖季节，一只雄性往往能和多只雌性交配产卵，蝌蚪在水中生长到 4 厘米完成变态。

简　评

斑背树蛙很少被引进，因为其观赏价值不太高。通常情况下，如果饲养在浅颜色的环境中，它还能体现出身体的色彩和斑纹；如果饲养环境颜色太深，则始终保持土色或黑色的外表。很胆怯，善于逃跑，弹跳能力强，所以要用非常牢固的饲养箱来饲养。白天躲避在阴暗角落，夜晚活动。

附录XXXⅧ

<table>
<tr><th colspan="2">小丑树蛙 clown tree frog</th></tr>
<tr><td>别名：金斑小丑蛙</td><td>学名：Hyla leucophyllata</td></tr>
<tr><td colspan="2"></td></tr>
<tr><td rowspan="4">分类学：两栖纲 Amphibia
无尾目 Anura
雨蛙科 Hylidae
雨蛙属 Hyla</td><td>最大体长：3 厘米</td></tr>
<tr><td>主要食物：昆虫</td></tr>
<tr><td>适宜温度：10 ～ 25℃</td></tr>
<tr><td>自然分布：亚马逊流域、法属圭亚那</td></tr>
<tr><td colspan="2">自然史
栖息于热带雨林中，白天在树皮间隙、树叶背后休息，晚上活动捕食。繁殖状态不详。</td></tr>
<tr><td colspan="2">简　评
虽然小丑树蛙颜色十分鲜艳，却是小雨蛙的近亲，所以十分容易饲养．它们也能吞食个体和自己头一样大的食物，并且可以忍受长久的断粮。晚上能发出尖锐的鸣叫声，但白天躲藏在阴暗的角落里。在光线明亮周边环境颜色浅的环境里，它们身上斑点是白色的，晚上或周围环境颜色较深时，花斑变成金色或半透明。</td></tr>
</table>

附录XXXIX

<table>
<tr><th colspan="2">中国雨蛙 chinese tree toad</th></tr>
<tr><td>别名：绿猴　雨怪　小姑鲁门　雨鬼</td><td>学名：Hyla chinensis</td></tr>
<tr><td colspan="2"></td></tr>
<tr><td rowspan="4">分类学：两栖纲 Amphibia
无尾目 Anura
雨蛙科 Hylidae
雨蛙属 Hyla</td><td>最大体长：4 厘米</td></tr>
<tr><td>主要食物：昆虫</td></tr>
<tr><td>适宜温度：10 ～ 25℃</td></tr>
<tr><td>自然分布：中国华东、华南大部分地区</td></tr>
<tr><td colspan="2">自然史
中国的雨蛙体型较小。背面皮肤光滑，绿色（如华西雨蛙）；多生活在灌丛、芦苇、高秆作物上，或塘边、稻田及其附近的杂草上。白天匍匐在叶片上，黄昏或黎明频繁活动。以蟒象、金龟子、叶甲虫、象鼻虫、蚁类等为食。常常一只雨蛙先叫几声，然后众蛙齐鸣，声音响亮，特别是在下雨以后。3 月下旬或 4 月初出蛰。4 ～ 6 月在静水域内产卵。卵径 1 ～ 1.5 毫米。数十粒或数百粒卵成为一团，黏附在水草上。蝌蚪尾鳍高而薄，上尾鳍一般自体背中部开始；5 月下旬有的即已完成变态；9 ～ 10 月开始冬眠。</td></tr>
<tr><td colspan="2">简　评
是最常见的观赏蛙类，能很容易地用低廉的价格购买到。目前出售的全部是野生个体，所以在饲养初期要注意饲养环境的建设，缓解它们的紧迫感。饲养稳定后，非常贪吃，能从人手上获取食物，不善于逃跑。（详见：《小雨蛙》）</td></tr>
</table>

附录XL

<table>
<tr><th colspan="2">**华西雨蛙** west china tree toad</th></tr>
<tr><td>别名：西南树蟾</td><td>学名：*Hyla annectans*</td></tr>
<tr><td colspan="2">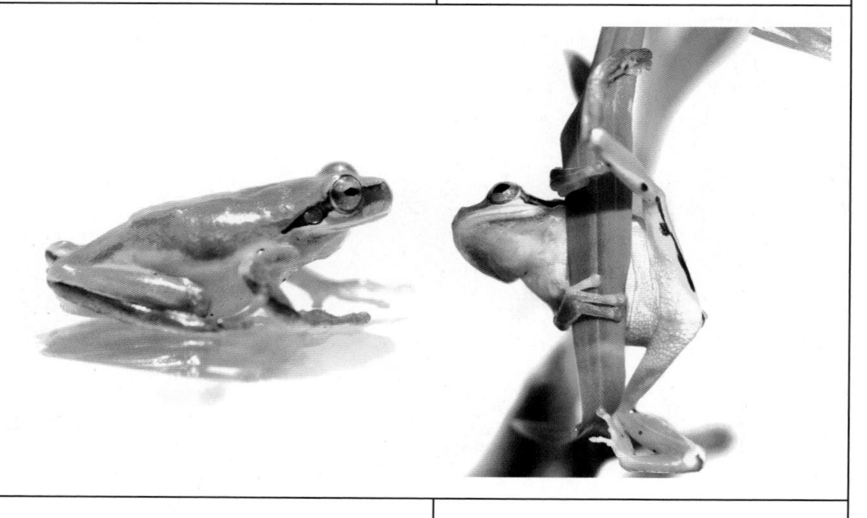</td></tr>
<tr><td rowspan="4">分类学：两栖纲 Amphibia
无尾目 Anura
雨蛙科 Hylidae
雨蛙属 *Hyla*</td><td>最大体长：4 厘米</td></tr>
<tr><td>主要食物： 昆虫</td></tr>
<tr><td>适宜温度：10 ～ 25℃</td></tr>
<tr><td>自然分布：中国西南的云南、四川、贵州、广西等地</td></tr>
<tr><td colspan="2">自然史
栖息于海拔 750 ～ 2400 米稻田地区。常在树叶上匐匐着，或白天躲避在树洞或草丛中。下雨夜晚大批外出活动，有时百蛙齐鸣。繁殖季节在 4 ～ 6 月，卵小，成团，产于小坑塘内。蝌蚪体高而肥笨。数量较多，在农作区可消灭大量害虫。</td></tr>
<tr><td colspan="2">简　评
饲养与鉴别同中国雨蛙。</td></tr>
</table>

附录XLI

<table>
<tr><th colspan="2">钴蓝箭毒蛙 blue poison dart frog</th></tr>
<tr><td>别名：天蓝丛蛙</td><td>学名：Dendrobates azureus</td></tr>
<tr><td colspan="2"></td></tr>
<tr><td rowspan="4">分类学：两栖纲 Amphibia
无尾目 Anura
从蛙科 Dendrobatidae
箭毒蛙属 Dendrobates</td><td>最大体长：5 厘米</td></tr>
<tr><td>主要食物：昆虫</td></tr>
<tr><td>适宜温度：10 ～ 25℃</td></tr>
<tr><td>自然分布：南苏里南的河流的两岸</td></tr>
<tr><td colspan="2">自然史
栖息于热带丛林中，捕食小型昆虫，皮肤含有剧毒腺体，用来繁育天敌。与大多数蛙类不同，因为有毒腺的保护，它们可以在白天到处活动。它们一年四季都产卵繁殖，卵被产在积水凤梨叶芯的水盎里，一次只产 1 ～ 3 枚卵，蝌蚪有雄蛙喂养长大，直到变为成体。南美洲土著人利用它们的毒素涂抹在箭头上，杀伤捕捉猴子和其他哺乳动物。野生箭毒蛙全部列入 CITES 附录 2。</td></tr>
<tr><td colspan="2">简　评
箭毒蛙是观赏两栖动物中最热门的品种，由于品种繁多，颜色鲜艳，它们甚至可以单成一类。由于可以配和生态造景箱一同饲养，人们一直非常热衷于收集它们。在美国、欧洲、澳大利亚等地，箭毒蛙是非常常见的观赏动物，人工繁育数量稳定。但由于种种原因，中国目前很难引进，只是偶尔在香港地区能见到钴蓝箭毒蛙。</td></tr>
</table>

参考文献

［1］费梁，叶昌媛，江建平. 中国两栖动物彩色图鉴. 成都：四川科学技术出版社，2010.

［2］韦明铧. 动物表演史. 济南：山东画报出版社，2005.

［3］德斯蒙德·莫利斯，何道宽［译］. 人类动物园. 上海：复旦大学出版社，2010.

［4］埃里克·巴拉泰，伊丽莎白·阿杜安·菲吉耶，乔江涛［译］. 动物园的历史. 北京：中信出版社，2006.

［5］布龙内尔（Bernd Brunner），李世隆［译］. 家里的海洋：水族馆发明史. 南京：江苏教育出版社，2006.

［6］白明. 我的两栖动物朋友. 水族世界，2006.

［7］白明. 长腿的垃圾桶——角蛙. 水族世界，2006.

［8］James w. peteranka. Salamanders of the United States and Canada.USA.Smithsonian Institution ALL rights reserved，2010.

［9］Chris mattison. 300 Frogs.USA.Firefly Book Ltd，2007.